**Étudier la physique**
par Clément Moissard

**Éditeurs :** Serge Mercereau & Léo Griffaton-Sonnet
**Illustrateur :** Matthieu Rebuffat

À Paris

La plupart des bêtises écrites ci-après l'ont été trop tôt le matin, avant une première tasse de café.

*Première édition, Décembre 2019*

*À tous les gros schlags qui ont amplement les capacités de planter magistralement leurs études, mais qui décideront de, peut-être, ne pas le faire.*

# Table des matières

# 1. Introduction

*Ayant eu l'audace d'imaginer qu'un même phénomène pouvait expliquer le comportement de la pomme et celui de la lune, Newton prit en compte les lois physiques du mouvement elliptique des planètes ; il était en mesure d'établir la loi dite d'attraction universelle. On était passé dans un cadre général, celui d'une théorie physique de la gravitation. Cette généralisation étant admise, il n'était pas pensable que les irrégularités dans le mouvement d'Uranus ne puissent être expliquées dans le cadre de cette théorie : ceci conduisit Leverrier à imaginer que le mouvement d'Uranus était perturbé par la présence d'une planète inconnue dont il put préciser la position exacte afin que la théorie de Newton ne soit pas mise en défaut. C'est ainsi que Neptune fut découverte en 1846, là où les calculs l'avaient prévue.*

— *La physique, M. Duquesne*

## 1.1 Problèmes d'étudiants

Oui, je sais : tu te poses certainement cette simple et éternelle question : "*Hein ?*" Peut-être te faudra-t-il relire cette citation trois fois, puis abandonner dans un nuage brumeux de non-intérêt, de flemme, de "tant pis je comprendrai plus tard". Peut-être es-tu également en train d'attendre que je t'explique ce que cette citation veut dire ? Et tu te demandes très probablement pourquoi je l'ai mise ici... Peut-être que tu n'as aucune idée de pourquoi tu es en train de lire ces lignes. Eh oui, je sais. J'étais comme toi quand j'apprenais la physique. Enfin... Quand j'essayais d'apprendre. Je suis encore bien souvent comme toi, d'ailleurs. Je voudrais apprendre de mes lectures, d'une conférence à laquelle j'assiste ou d'un exercice que j'essaie de résoudre. Mais ça ne vient pas. Alors on se dit que ce n'est pas grave, que c'est juste mal expliqué, ou alors qu'on est trop fatigué, et qu'on sera plus attentif plus tard.

Combien de fois t'es-tu, motivé, assis en cours face à un professeur, ou chez toi devant un livre ou tes notes de cours, en te disant : *"Allez, aujourd'hui je suis chaud, je vais tout apprendre, faire tous les exos et tout"*. Combien de fois ? Appelons ce nombre $n_{espoir}$. Puis combien de fois est-ce que ça a été vrai ? Combien de fois t'es-tu assis, avec tes bonnes intentions, et as-tu vraiment appris, compris quelque chose ? Appelons ce nombre $n_{réalité}$. Évidemment, impossible de connaître réellement les détails, mais soyons honnêtes, et admettons d'entrée de jeu que le ratio : $\frac{n_{réalité}}{n_{espoir}}$ est encore un peu trop loin de 1 pour être pleinement satisfaisant. J'ai peut-être été trop diplomate là, disons négligeable devant 1.

Ce n'est pas que tu ne veux pas, ce n'est pas non plus que tu es stupide : le fait est qu'il est difficile de rester concentré. Il est difficile de comprendre ce qu'on te raconte et encore plus difficile d'apprendre. Il est difficile de résoudre ces exercices qu'on te donne. Et c'est difficile pour plein de raisons. C'est difficile parce que tu es fatigué, parce que ce cours-là ne t'intéresse pas vraiment, parce qu'il est trop compliqué, ou trop simple. Mais tu te dis que ça ira mieux plus tard. Et puis plus tard arrive et c'est pareil...

C'est normal. Mais allez, courage. On va voir, ensemble, ce qu'on peut faire. On va voir comment rendre les choses intéressantes, on va voir que ce n'est pas si compliqué que ça, ni si simple que ça [1]. Et on va tenter de faire en sorte que cette fois, quand plus tard arrive, ça aille vraiment mieux.

## 1.2  Tes objectifs

Je te propose, pendant la dizaine de minutes qui vient, de passer un peu de temps à te projeter dans l'avenir. Je suis très loin d'être coach en carrière ou quelque chose du genre, mais d'expérience et d'après tout un tas de livres et d'articles, ce genre d'expériences de pensée joue un rôle étonnamment important. Donc, même si tu ne me suis qu'à moitié et que tu ne trouves aucun intérêt aux quelques prochaines pages, qu'elles sont pour toi stupides et peu pertinentes, reste avec moi. Je suis en train de faire en sorte que tu crées une petite note mentale, dans un coin de ton cerveau, qui ressortira bien un jour ou l'autre, dans un moment d'inattention. Allons-y !

Comment vois-tu ta vie dans 10 ans ? Quel type de métier fais-tu ? Es-tu heureux ? Quel type de personnalité possèdes-tu ? Es-tu sportif, joues-tu d'un instrument ? Soyons fous : as-tu des enfants ? Financièrement, ça se passe comment ?

---

1. Par contre, si tu es trop fatigué, dors plus, et si tu es toujours trop fatigué, va fouiller comment être moins fatigué sur internet, ou avec ton médecin, ou fais un peu de sport, j'en sais rien. Je suis nul à ce jeu-là. Je suis fatigué aussi mais je ne m'inquiète pas : ça ira mieux plus tard.

**Pause**. Ce qui serait vraiment super, là, tout de suite, c'est si tu pouvais attraper ton téléphone. Je sais, je sais, tu vas avoir envie d'aller sur Facebook, de lire tes messages, ou de jouer à je ne sais quel jeu – on est tous pareils. Une fois que tu auras lu tous tes messages et autres e-mails, jeté un œil à toutes tes notifications, répondu à ta grande sœur :

Mets un *timer* pendant, disons, 3 minutes, ferme les yeux, et imagine la vie géniale que tu auras dans 10 ans.

C'est bon ?

Armé de cette image, et selon le point auquel tu l'estimes désirable, essaie de lire le reste de ce chapitre en te demandant régulièrement si tes idées, penchants, et habitudes s'accordent avec **Elle** [2].

---

2. Elle, c'est l'image de ta vie dans dix ans, que tu viens juste d'imaginer, est-ce que tu me suis toujours ?

**Prenons deux exemples :**

- Admettons que tu es à l'université, et que tu as l'idée de devenir ingénieur en biomécanique. Quel genre de master as-tu besoin de faire pour arriver à ce métier ? Y a-t-il quelque chose d'évident, comme un M1-M2 d'ingénierie biomécanique ? Ou faut-il creuser un peu et chercher un M1-M2 d'applications de l'ingénierie au domaine médical ? Ou un M1-M2 de mécanique avec une spécialité biomimétisme ? Il serait bon de garder ces questions à l'esprit, et, un jour ou l'autre, de faire quelques recherches sur internet et d'envoyer un e-mail à l'un des responsables du master en question. Ou de le rencontrer (il suffit souvent de demander un rendez-vous, en général les professeurs sont extrêmement ouverts et avenants par rapport à ce genre de demandes). Une bonne chose à demander naïvement est qu'il ou elle te donne une idée des critères de sélection.

- Admettons que tu es en classe préparatoire. Y a-t-il une école en particulier qui te fait rêver ? À ce stade, évidemment, aucun objectif n'est trop grand, tu as deux années entières pour y arriver ! Deux ans ? C'est suffisant pour passer une ceinture noire de ce que tu veux, pour apprendre à jouer d'un instrument à partir de zéro, pour apprendre à dessiner à un niveau impressionnant. Et c'est certainement suffisant pour décrocher l'école de tes rêves si c'est ce que tu désires. Ensuite, tu peux aller faire quelques recherches sur internet (il y a des tas de forums, comme par exemple `http://forum.prepas.org/`, qui regorgent d'histoires et de grands tableaux te montrant exactement quelles notes il te faut obtenir en maths, en chimie, *etc*).

Dans les deux cas, essaie de t'imaginer dans quelques années, ayant obtenu exactement ce que tu voulais. Comment te sens-tu? Plutôt bien, non?

Voilà, à partir de maintenant, il devrait t'être possible de déterminer où tu devrais te situer, du point de vue de tes notes, ou de ton classement dans ta promo, pour obtenir ce que tu désires. Au moins à peu près. Te faut-il 15/20 de moyenne? Être dans les 10 premiers? Ou le simple fait de passer en deuxième année pourrait-il suffire? Tu peux écrire ce que tu vises dans la marge[3]. Voilà : ça devrait être ton objectif pour les prochains mois. Comment penses-tu devoir travailler pour en arriver là? Se dire qu'on va être "le meilleur possible" ou "faire de son mieux" est souvent trop vague au jour le jour et un peu intimidant.

Maintenant, passons au reste. Comment imagines-tu la vie à l'université? En prépa?
Aimerais-tu, justement, passer cette ceinture noire de Judo dont tu rêves depuis quelques années? Combien faudrait-il d'entraînements par semaine?
Est-ce cohérent avec tes objectifs de réussite scolaire? Si oui, parfait! Je t'encourage vivement à essayer. Sinon, il va falloir revoir un de tes objectifs à la baisse, ou le repousser à plus tard; n'oublie jamais que la vie est suffisamment longue pour faire beaucoup de choses, et que tout faire d'un coup n'est souvent ni possible, ni pertinent. (Remarque qu'à ce stade, je ne te parle

---

3. N'hésite pas à martyriser ce bouquin, griffonne dedans, plie le, lis le dans la douche si ça te plaît. Ce qui compte, c'est ce que tu en tires, pas qu'il reste intact.

pas encore de prendre des décisions fixées, pour l'instant, on s'amuse juste, dans notre tête et sans conséquences, à explorer des possibilités).

Songes-tu à profiter de tes années d'études pour sortir le plus souvent possible ? Boire comme un trou ? Aller à des concerts ? C'est bien ! Mais est-ce que ça colle avec tes objectifs ? Qu'est-ce qui compte le plus pour toi ? (**Remarque : il n'y a pas de mauvaise réponse !**)

Voudrais-tu finir ton deuxième cycle de conservatoire ?

Lorsque tu constates une incohérence du style : *"il faut que je sois dans les trois premiers de ma classe pour obtenir le Master que je veux et je n'ai pas particulièrement de facilités, donc je sais que je dois travailler au moins une heure par jour pour avoir une chance. Mais il me faut aussi deux heures par jour de Judo et j'ai quand même envie de boire des bières..."* Souviens-toi d'Elle, de l'image que tu as créé au début du chapitre. Dans 10 ans, où veux-tu être ?

**Le seul juge valable** de ce que tu feras de tes prochaines années, c'est cette personne que tu as imaginé. **C'est ton toi futur.** Moi, tes profs et la personne qui t'enseigne le piano, on s'en remettra si tu fais complètement autre chose, si tu choisis ce qui compte pour toi. Soyons francs, d'ailleurs : ton professeur de chimie sera bien plus ravi de te voir avoir 18/20 à tes examens que de savoir que tu es champion de France de skateboard. De même, ton coach de boxe sera bien plus heureux que tu remportes ton premier combat avec panache plutôt que tu sois premier de ta classe. Clairement, si tu écoutes tout le monde : plus de bières. Et ça, ça craint. Sauf si tu n'aimes pas la bière. Mais

ça, ça craint. Bref, en résumé : **TU** décides. Puisque c'est une décision importante, laisse-la à ton futur toi, et prends ton temps.

Une dernière chose avant de passer à la suite. Maintenant
que tu as une vision à peu près cohérente des actions et du
style de vie que tu penses vouloir dans les quelques prochaines
années (souviens-toi, tu n'es pas encore nécessairement au
stade de la prise de décision ici, vois plutôt tout ça comme
un jeu d'imagination), essaie de garder cette vision de ce
qu'il faudrait idéalement faire bien ancrée dans un coin de ta
tête (ou griffonne-la dans la boîte grise juste en-dessous de
ce paragraphe, plie le coin de la page, et reviens-y de temps
en temps). Si elle te plaît, tu pourras doucement la laisser te
définir. Et sinon tant pis, tu auras tout le temps de voir plus
tard, tu peux toujours recommencer cet exercice d'imagination
plusieurs fois, avec plusieurs contextes et objectifs, et voir ce
qui te plaît le plus.

**Ce que j'aimerais faire plus tard**
**Notes, classements qu'il me faut**
**Autres choses que j'aime, etc**

> **Remarque :** *Il y a aussi beaucoup de gens qui se contentent de se laisser guider par leur intuition et par le hasard, vers ce qu'ils ont l'impression d'aimer. Le temps passe alors et les opportunités se présentent d'elles-mêmes – et c'est souvent suffisant. Pas d'angoisse donc.*

## 1.3   L'auteur et les objectifs de ce livre

### 1.3.1   Très bon et très mauvais

Je vais maintenant te parler un peu de moi. Après tout, c'est bien que tu saches si tu peux ou non me faire un minimum confiance en lisant ce livre... j'imagine.

J'étais un bon élève au collège (entre 15/20 et 17/20 pendant tout le collège), puis un mauvais élève au lycée[4] (entre 9/20 et 12/20), puis un élève moyen en début de prépa (entre 10/20 et 12/20 sur mes deux premières années), puis un très bon élève en fin de prépa (premier de promo, avec 16/20), puis je me suis retrouvé à l'ENS Cachan (aujourd'hui ENS Paris-Saclay) où j'étais un mauvais élève (dernier quart de promo). Ensuite, j'ai passé l'agrégation, où j'étais un relativement bon élève (en tout cas suffisamment pour devenir agrégé de Physique-Chimie, où 89 candidats sont admis sur 1433 inscrits), puis après un an de "Pause", je suis devenu un très bon élève en Master 2 (tête de promo). Maintenant je suis en thèse, et... je fais ce que je peux ! Certains trouveront mon parcours médiocre, d'autres le trouveront excellent, ça dépend des gens et c'est très bien comme ça.

J'ai non seulement été alternativement un bon et un mauvais élève en fonction des années, mais également en fonction des sujets étudiés. En prépa, par exemple, j'étais parallèlement un très bon élève en Maths, un élève moyen en Physique, et un élève désastreux en Chimie (au point d'offrir occasionnellement

---

4. Ma professeur de physique de terminale m'avait promis une catastrophe si j'allais en prépa scientifique et me conseillait plutôt de poursuivre des études littéraires...

des pains au chocolat aux très rares personnes qui arrivaient derrière moi aux devoirs sur table, histoire de les féliciter). Plus tard, pendant ma préparation à l'agrégation, je suis devenu un bien meilleur élève en Chimie.

Enfin bref, je suis sûr que tu vois l'idée. On a tous été les meilleurs, même les derniers des derniers [5], et tu as probablement vécu ça aussi d'une manière ou d'une autre.

Cela fait maintenant plus de sept ans que je donne des cours dans différents cadres : colles en classes préparatoires, cours particuliers du lycée à la deuxième année de prépa, cours collectifs, TD à l'université. J'adore enseigner. Une chose que j'ai observée maintes et maintes fois, c'est que les bons élèves font à peu près ce que je faisais en Maths en Classes Préparatoires, ou en Physique pendant la préparation à l'agrégation, tandis que les mauvais font à peu près ce que je faisais en Chimie en Classes Préparatoire, ou en cours en général lorsque j'étais à l'ENS.

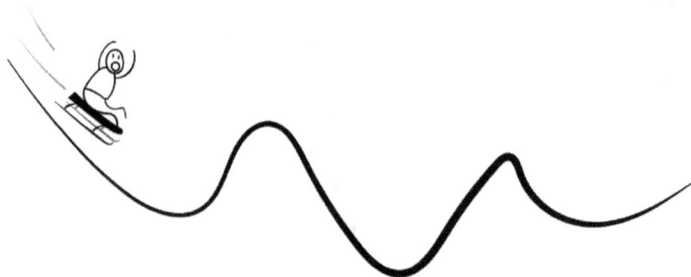

J'ai constamment été à la frontière entre excellent élève et élève franchement mauvais, et en côtoyant plus d'une centaine d'étudiants au fil des années, j'ai affiné et je continue d'affiner mon modèle intérieur de ce qui fait un excellent étudiant, et de

---

5. Je ne citerai pas "Bonne idée" de Jean-Jacques Goldman. D'ailleurs, j'ai toujours trouvé que les notes de bas de pages servaient rarement à grand chose, en plus d'être distrayantes. J'en mettrai quand même quand j'aurai envie de dire un truc qui n'a pas franchement sa place dans le corps du texte. Mais du coup, sens-toi libre de ne pas les lire, il y a une chance presque nulle qu'elles soient importantes.

ce qui fait un étudiant catastrophique.

J'aimerais partager ce modèle avec toi dans ce livre, de manière accessible et sans mettre te la moindre pression dans un sens ou dans un autre. Je pense qu'il peut être tout aussi acceptable d'être un élève catastrophique que d'être un élève excellent. Bien souvent, il s'agit avant tout de savoir ce qu'on veut, ou de savoir que l'on ne veut pas savoir ce qu'on veut.

### 1.3.2 Bien, ça peut suffire

Mon objectif avec ce livre est avant tout de t'encourager à faire de la physique en appréciant le processus. L'opposé de mon objectif est de t'inonder sous une pluie de conseils tellement dense que tu aurais l'impression qu'à moins de tout faire tu ne t'en sortiras pas. Une réaction naturelle si tu es un étudiant très travailleur va être de vouloir en faire un peu trop. C'est normal – d'ailleurs si tu as lu ce livre jusqu'ici, c'est certainement parce que tu es motivé pour progresser. C'est une excellente chose de vouloir en faire un peu trop. C'est un très bon signe en tout cas. Ce qui est beaucoup moins bien est de se décourager lorsque tu réaliseras que tu n'arriveras pas à tout faire. Et je vois ça arriver à beaucoup, beaucoup trop d'étudiants très travailleurs. Une bonne alternative au découragement dans cette situation est d'essayer de faire les choses passablement bien, à défaut de les faire très bien.

Quand j'ai commencé à donner des TD en L1 à Jussieu, sur le sujet "*Énergie et entropie*", je me suis dis que j'allais lire le livre "*Physique de la conservation d'énergie*", de niveau M2, et "*Energy and civilisation*" avant de commencer à enseigner. Puisque j'avais trois mois avant de débuter mes cours, je me suis dis qu'afin de bien lire ces deux premiers livres et d'en tirer le maximum, je pourrais lire, juste avant, le livre "*How to read a book*"[6] ("Comment lire un livre" dans la langue de Jul). Évidemment, je n'ai pas fini ce dernier avant le début de mes cours, et j'ai à peine commencé les deux premiers... Me suis-je

---

6. Quelques d'amis se sont bien foutus de moi en me voyant lire ça !

découragé pour autant ? Non !

Que voulais-je tirer de ces trois livres de toute façon ? De *"How to read a book"*, je ne suis pas sûr de ce que j'attendais, mais il m'a beaucoup aidé à réfléchir à la question : "qu'est-ce qu'apprendre ?", ce qui fut un voyage intellectuel très intéressant. De *"Physique de la conservation d'énergie"* je voulais être certain d'avoir un niveau bien supérieur à celui de mes étudiants. De *"Energy and civilisation"* je voulais développer une culture du sujet afin de pouvoir partager des anecdotes intéressantes. Mais avais-je vraiment besoin d'aller aussi loin ? Ne pouvais-je pas rattraper le coup et faire un cours convenable quand même ?

Voyant mon premier cours approcher, j'ai feuilleté des vieux cours que j'avais eu quand je préparais l'agrégation, et lu en diagonal le polycopié de cours et celui de TD pour savoir à quoi m'attendre. Je me suis aussi souvenu qu'un chapitre d'un livre que j'avais lu un peu plus tôt, "Sapiens", permettrait de faire une introduction intéressante aux TD, et qui remplacerait très bien ce que j'aurai pu tirer de *"Energy and civilisation"*. Pour la suite, plutôt que de tout préparer parfaitement en avance, j'ai décidé de travailler au fur et à mesure que le semestre avancerait. J'essayais de garder environ une semaine d'avance sur les étudiants, et avant chaque cours je lisais attentivement le polycopié du cours que j'allais enseigner et je travaillais les exercices de TD. Parfois je n'avais pas le temps (ou franchement la flemme...) de lire le cours en détail et je me contentais de faire les TD. Avant l'examen j'ai fais quelques annales pour pouvoir donner des conseils pertinents sur le type de sujets qui pouvaient tomber. Finalement, ces TD se sont très bien passés : j'ai pris plaisir à les faire et il me semble qu'au moins une partie des étudiants qui ont eu la malchance de tomber sur moi les a appréciés également[7].

On n'a presque jamais le temps ou le courage de faire les

---

7. D'autres les ont probablement trouvés vaseux, mais bon, ça ira mieux plus tard.

choses aussi bien qu'on le voudrait mais on peut toujours s'arranger pour faire les choses bien. C'est ce que je te souhaite pour tes études et pour tout le reste d'ailleurs. La clé est de ne jamais baisser les bras, même quand tu es à des années-lumières d'avoir suivi tes plans initiaux.

(R!) **How to Read a Book : The Classic Guide to Intelligent Reading** - Mortimer J. Adler
*Mortimer sait de toute évidence de quoi il parle, et signe un livre certes difficile à lire, mais étonnamment inspirant.*

(R!!!) **Sapiens : A Brief History of Humankind** - Yuval Noah Harari
*Il n'a pas grand chose à voir avec la physique, mais c'est un livre génial. Et la courte introduction à la thermodynamique qu'écrit Yuval au chapitre 17 est aussi inattendue que fantastique!*

### 1.3.3 Les équations de l'étudiant

Comme c'est un livre de physique, commençons par écrire une équation :

$$(\text{apprentissage}) \propto (\text{temps}) \times (\text{concentration}) \times (\text{qualité de l'approche}) \tag{1.1}$$

Au cas où : le symbole $\propto$ signifie "est proportionnel à", parce que je n'avais pas envie de me mouiller avec les unités et d'essayer d'écrire une équation homogène.

Donc c'est simple. Pour progresser il y a plusieurs façons de s'y prendre : passer plus de temps à travailler, mieux se concentrer ou approcher le sujet d'une manière plus efficace.

Ce qui rend les choses difficiles c'est qu'il y a autre chose en jeu :

$$(\text{souffrance}) \propto \frac{(\text{temps})}{(\text{amour du sujet})} \qquad (1.2)$$

Et c'est là qu'on comprend facilement pourquoi il y a deux types d'étudiants qui s'en sortent bien :

Les masochistes d'un côté, qui maximisent leur *(temps)* de travail pour maximiser leur *(apprentissage)* sans faire attention à leur degré de *(souffrance)*. Et les passionnés qui ont un grand *(amour du sujet)*, ce qui leur permet de ne souffrir que très peu, quel que soit le temps qu'ils passent à travailler.

Tout ceci permet également de constater que, si tu n'es dans aucun de ces deux cas là, et que tu n'as pas envie de trop souffrir :

- Il va falloir faire attention à ta *(concentration)* quand tu travailles [8].
- Il va falloir trouver un moyen de travailler en améliorant au maximum la *(qualité de l'approche)*.

Parce que je ne souhaite que ton bien, ce livre va surtout s'attacher à améliorer la *(qualité de l'approche)* avec laquelle tu étudies la physique, de sorte que tu puisses progresser sans nécessairement avoir besoin de travailler sur de plus longues durées, donc de souffrir plus.

Cependant, on parlera brièvement des questions de *(concentration)* et d'*(amour du sujet)* – mais plus tard. Il nous reste bien des choses à voir d'ici là !

(RI) **10 Steps to Earning Awesome Grades (While Studying Less)** - Thomas Frank
*Thomas, expert en productivité et spécifiquement en productivité pour étudiants, signe ici un petit livre facile à lire, inspi-*

---

8. Ton téléphone devrait être à plus de cinq mètres de toi par exemple, quand tu travailles. Mais tu n'as pas forcément besoin de travailler longtemps !

rant, et plein de bonnes idées. *Tu peux même le trouver gratuitement sur son site internet :* `https://collegeinfogeek.com/`

### 1.3.4 **Plus ou moins mieux**

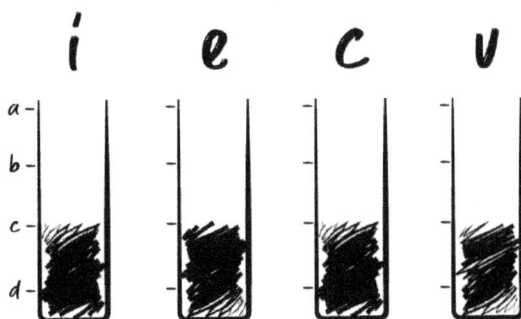

Dans le prochain chapitre, je vais introduire, lorsque je parle d'une qualité pertinente pour un physicien, un système de jauges. Ce sera à toi de les remplir, afin de te donner une idée d'où tu en es et de savoir sur quoi travailler. Peut-être même les regarderas-tu avec émotion, dans quelques mois, en songeant au chemin parcouru.

Je vais aussi introduire, dans le chapitre 4, des conseils accompagnés d'un potentiomètre. À gauche du potentiomètre l'attitude catastrophique (en ce qui concerne tes études de physique), et l'excellente attitude vers la droite, et le plus possible de nuances entre les deux. Mon espoir est que tu puisses choisir, en fonction de tes envies, de tes objectifs, de ton temps, de ton énergie, et de ce que ton intuition te dicte, à quel niveau du potentiomètre tu devrais tenter de te positionner. Tout en réalisant que c'est un vrai choix personnel, et que toujours essayer de te placer au niveau de l'excellente attitude n'est pas forcément la meilleure chose à faire, ne serait-ce que parce que tu risques vite d'avoir la flemme et finir par ne rien faire du tout.

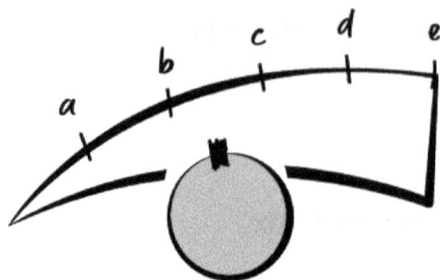

Il n'y a, à mon avis, rien de tel que "les bons élèves d'un côté, et les mauvais de l'autre". Il y a des individus avec des potentiomètres réglés bizarrement et des jauges remplies de façon plus ou moins aléatoire, dont les réglages correspondent à notre environnement, à notre passé, à nos coups de chance ou de malchance, à des attitudes que l'on a consciemment ou inconsciemment renforcées. Certains ont les bonnes combinaisons de potentiomètres et de jauges pour obtenir des notes excellentes et certains ont les bonnes combinaisons pour avoir des notes pitoyables.

Si on vivait dans un monde parfait, un potentiomètre influerait directement sur une jauge correspondante. Voire mieux : il y aurait un seul potentiomètre allant de "travailler peu" à "travailler beaucoup", et une seule jauge allant d'"abruti" à "génie". Mais ce n'est pas le cas. Souvent, en essayant d'améliorer un paramètre, on en modifie un autre en même temps, parfois en mieux mais parfois en moins bien. Il arrive aussi qu'en tournant l'un des potentiomètres à fond, toutes les jauges commencent à se vider... Rien n'est simple et il s'agit de trouver la bonne combinaison, celle qui te convient le mieux.

J'aimerais simplement essayer de mettre ça en lumière, de te faire prendre conscience de l'existence de ces potentiomètres et de ces jauges, de ce qu'ils influencent et de ce qu'elles mesurent. De sorte que tu puisses choisir plus clairement ce que tu veux faire de tes études.

### 1.3.5 **Systèmes**

Commençons par une petite métaphore. Ce paragraphe, qui n'a en apparence pas grand chose à voir avec la physique, est la meilleure façon que j'ai trouvée pour expliquer ce que j'essaie de transmettre dans ce livre. Essaie de t'accrocher et tu vas voir, tout devrait être plus clair dans quelques minutes.

Imaginons que tu développes un fort intérêt pour... le *fitness*, ou la musculation. Tu veux développer ton corps de manière harmonieuse, perdre du poids, te sentir mieux dans ta peau, *etc...*

Tu vas donc dans une salle de sport, prêt à te dépenser et à faire tout ton possible pour atteindre tes objectifs. Là, tu te retrouves nez à nez avec un coach bourru, qui a tout l'air d'être passionné par son métier. Tellement passionné par son métier d'ailleurs qu'il va te demander de le suivre et te présenter chaque machine, chaque tapis, chaque poids, un par un. Il va t'expliquer quand ils ont été créés, par qui, et où se trouvent les boulons s'il y en a. Puis il va choisir une machine en particulier, pas forcément la plus belle ni celle qui t'attirait le plus, et te montrer comment t'en servir – en détail. Tu mets ton pied là, tu appuies dans ce sens là avec ta main, tu peux aussi te mettre dans cet autre sens là, en mettant ton coude ici, et en poussant avec ton genou par là. Après deux heures comme ça, à te présenter cette machine, le coach te dit : *"bon bah, à la prochaine !"* Et toi tu te dis : *"Euh ? Je viens pas de perdre deux heures là ?"*

Puis quand tu reviens, le coach te voit utiliser une machine et décide de se moquer gentiment de toi devant les autres personnes de la salle de sport[9], parce que tu as oublié de resserrer un boulon dont il avait parlé à la fin de la dernière séance. (En avait-il bien parlé d'ailleurs ?) Quand toute cette scène étrange est terminée, le coach commence à te présenter une autre machine, méticuleusement, longuement, avec des détails dont l'importance commence doucement à t'échapper totalement (est-il est vraiment fondamental de savoir dans quelle ville le type qui l'a inventée est né ?).

Après une année à découvrir patiemment (ou non) tout un tas de machines, poids et pièces de cette curieuse salle de sport, et quelques mois de vacances, tu reviens. C'est désormais un coach différent qui t'accueille, il t'emmène dans une autre pièce, et recommence la même comédie. *"Ce poids-ci a été inventé par M. Rufus Duchâteau, né Rufus Dupetitvillage, en l'an 1702, il a, et oh c'est surprenant, 47 boulons, dont un jaune. Si tu veux l'utiliser, il faut bien faire attention à avoir le dos bien droit, à regarder loin face à toi, voilà."*, *"... zzzZZZ ah... Hein ?"*

L'année se déroule comme ça, entre nouveaux objets étranges, et présentations d'appareils qui semblent familiers, où non seulement on t'explique que ce qu'on t'a appris à leur propos par le passé est faux, mais en plus on te reproche de ne pas de souvenir de chaque détail. *"Regarde cette nouvelle façon tordue d'utiliser la machine Lepertuis ! N'est-elle pas géniale ? Quand je pense qu'on vous disait de mettre votre cheville à 57° alors qu'en fait 32° marche beaucoup mieux !"*

Malheureusement, c'est quand même souvent à ça que ça ressemble, d'avoir des cours de physique d'une année sur l'autre, non ?

Toi, ce dont tu aurais besoin, c'est d'un coach qui te dise : *"Bon. Si tu veux améliorer ta force, il faut faire les exercices entre trois*

---

9. Sauf que toi tu ne trouves pas ça gentil.

*et huit fois, à la limite de tes capacités. Mais si c'est être endurant que tu veux, essaie d'en faire plutôt entre trente et cinquante aux deux tiers de tes capacités. Essaie de faire des choses légèrement plus difficiles à chaque séance, ou du moins à chaque fois que tu t'en sens capable. Si tu veux perdre du poids, oublie le Burger King en sortant de la salle, ou alors pas plus d'une fois par semaine. Aussi, n'oublie pas de te reposer entre deux séances. Un jour de repos par-ci par-là, c'est vraiment important. Voilà, fais tout ça, dors huit heures par nuit et tout devrait bien se passer."*

Peut-être qu'un autre coach t'expliquerait les choses différemment mais, dans le fond, avec des conseils simples à comprendre et bien organisés, si le coach sait de quoi il parle, tu sais que ça va marcher.

Et c'est exactement le genre de conseils que tu trouveras si tu ouvres le moindre livre qui parle de *fitness*.

Une fois que ces quelques règles élémentaires sont bien comprises, les longues séances d'explications du premier coach peuvent enfin servir à quelque chose, et deviennent intéressantes. Puisque le premier coach te détaillait bien les mouvements et que maintenant tu sais combien il faut en faire, quand t'arrêter et vaguement quoi manger après : tout rentre dans l'ordre. Et puis, si tu as du mal à suivre les explications sur une des machines, ça ne remet pas en cause ta compréhension du sport en général.

Ce petit nombre de règles simples, efficaces, qui permettent de donner du sens à l'ensemble compliqué d'autres règles, détails, informations, *etc*, est ce que j'appelle un "*système*". Ce *système* te permet d'avoir une vision globale au sein de laquelle tu peux progresser de manière réfléchie, quelle que soit la difficulté de ce que tu entreprends.

J'ai pris l'exemple du *fitness*, mais il en existe autant qu'il existe de domaines : l'écriture d'un livre, les arts martiaux, le piano, *etc*. Il y a des domaines pour lesquels la création d'un *système* est simple, d'autres moins. Au final, l'immense majorité des gens qui s'en sortent bien dans quelque activité que ce soit, ont une sorte de *système* personnel, qu'ils ont façonné à partir d'informations glanées à droite et à gauche, qu'on leur a transmises ou qu'ils ont trouvées tout seul. Parfois, quand ils ont un peu de temps après avoir réussi dans leur domaine, ou tout simplement qu'on leur demande, ils le partagent sous forme d'interviews, de livres, *etc.* Pour chaque activité il existe souvent de nombreux *systèmes* différents et, bien qu'ils ne fonctionnent pas tous pour tout le monde, il me semble être une excellente idée pour quiconque veut progresser dans un domaine de s'y construire un tel *système*, par exemple en en étudiant un, puis en le modifiant jusqu'à ce qu'il lui corresponde.

En physique, il n'existe pas vraiment de *système* à proprement parler, du moins aucun qui fasse consensus et soit largement partagé. On étudie des thèmes, des sujets, les uns à la suite des autres, sans jamais étudier d'approche globale. Bien sûr, il existe des méthodes, des techniques, chapitre par chapitre... ça oui. Et elles sont fort utiles. Mais on est quand même coincés avec des coachs bourrus et passionnés qui détaillent sous tous les angles des pièces complexes sans rapport apparent entre-elles. Pourtant, chacun de ces coach a très certainement son propre *système*. Il est juste inhabituel d'en parler. Peut-être parce que ça leur paraît évident, ou peut-être parce qu'ils veulent sélectionner les étudiants qui trouvent leur propres *systèmes* fonctionnels tout seuls. Peut-être simplement parce qu'ils ne pensent pas à le faire, ou qu'ils n'ont pas le temps, avec leur longue liste de machines à détailler.

Quelle que soit la raison de chacun, moi ça ne me paraît pas si évident que ça. J'ai envie d'aider les étudiants, comme certains de mes professeurs m'ont aidé alors que d'autres auraient préféré me laisser tomber. Le partager, j'y pense et j'en ai le temps. Comment est-ce que je me doute que de tels *systèmes* existent en physique ? Déjà, parce que j'en ai un. Puis parce que j'en ai discuté avec des tas de gens qui s'en sont très bien sortis (des diplômés de Grandes Écoles prestigieuses, des majors de promo dans les classes où j'enseigne et même des professeurs de physique : ils en ont tous un. Je me doute aussi que ces systèmes existent parce qu'autrement je ne vois aucune raison pour que l'étudiant qui cartonne à son examen de mécanique ait de grandes chances de cartonner aussi à son examen de thermodynamique, même en travaillant moins que les autres. Il doit bien y avoir un truc, non ? Je vais donc essayer de te transmettre un *système* qui te permette de progresser en physique de manière réfléchie, quelle que soit la difficulté de ce que tu entreprends.

Le *système* que je vais te présenter ici, c'est le mien. Comme je ne pense pas être un modèle parfait de réussite en physique, j'ai pris le temps de discuter longuement avec tout un tas de gens plus intelligents que moi pour leur demander comment il faisaient, eux, pour s'en sortir, puis j'ai lu des livres qui avaient un rapport plus ou moins proche avec tout ça. Puis j'ai même essayé de nouvelles choses, pour en apprendre davantage sur les points dont j'ai besoin pour ma thèse. Je vais donc te présenter quelque chose d'un peu mieux, d'un peu plus travaillé et général que le *système* que j'ai utilisé pendant mes études et utilise toujours aujourd'hui. Ma part du *deal*, c'est de te présenter quelque chose qui soit au meilleur de ce que je suis capable de t'offrir, mais ta part du *deal*, c'est aussi de comprendre que c'est normal de ne pas tout faire parfaitement. **Normal**.

Avant de me lancer, je veux encore t'encourager à t'approprier ce *système*. À t'en inspirer comme d'un exemple et à le modifier, l'adapter, à en faire quelque chose qui fonctionne pour toi. L'objectif est qu'à la fin de ce livre, tu aies **ton** *système*, qui te soit propre. Tu pourras alors le partager à tes amis, voire à tes étudiants (un jour, qui sait ? [10]) en disant : "*Moi, je fais comme ça.*" Et puis si tu es plus malin ou plus débrouillard que moi, ton *système* sera meilleur que le mien et c'est une bonne chose. Peut-être même qu'il sera au final très différent de celui que je vais te présenter, pas forcément meilleur, mais adapté à un autre type de personnes, qui fonctionnent selon un autre mode de pensée. Et tu auras à ton tour apporté ta pierre à l'édifice et diversifié les approches.

(R!) **Published** - Chandler Bolt
*Chandler a tout l'air d'être un gros schlag, en tout cas c'est ce dont il veut avoir l'air. Il est aussi quelques années plus jeune que moi. Et pourtant, il a écrit plein de livres. Celui-ci détaille comment il s'y prend, et son livre m'a beaucoup aidé à écrire le mien. En effet, il m'a donné un système, qui même si je ne l'ai pas suivi à la lettre, m'a donné une voie à suivre, et une confiance en la possibilité de mener à bien mon projet.*

## 1.4    **Références**

Il y a énormément d'excellents livres, qui regorgent d'idées géniales, d'informations extrêmement bien recherchées *etc*. Dans les ouvrages scientifiques ainsi que dans la plupart des livres non fictionnels et informatifs, il est d'usage de fournir de nombreuses références. Les raisons pour lesquelles ces références sont fournies peuvent être de différentes natures : il y a les références qui sont une sorte de panneau indiquant que l'auteur n'a pas sorti l'information de nulle part, il y a les références que l'auteur place pour laisser la possibilité au lecteur d'explorer d'autres pistes sans avoir à dénicher les œuvres lui-même, puis il y a les références que l'auteur estime que les lecteurs devraient vraiment aller lire. Malheureusement, il est aussi d'usage de ne pas préciser pour quelle raison la référence

---

10. Si on m'avait dit que je donnerai des cours il y a 7 ou 8 ans, je me serais bien marré

a été fournie. Le résultat final, pour moi, a toujours été le même : si je suis de bonne humeur, je vais dans la librairie la plus proche (qui se trouve trop souvent être internet) et achète les références avec les titres les plus accrocheurs ; tandis que si je suis de mauvaise humeur, je ne prête absolument aucune attention aux références. Le résultat, c'est que je me retrouve avec des piles de livres que je n'ouvrirai probablement jamais parce que je ne sais même plus pourquoi je les ai achetés, et que je passe à côté de trucs géniaux. Je vais donc présenter les choses sous une forme que j'aimerais voir plus souvent et espérer que ça serve à quelqu'un.

Les références du premier type (Regarde, je ne sors pas cette idée de mon postérieur), seront indiquée comme ceci :

> (R) Voici un texte que j'ai lu sur ce sujet : **The Art of Learning** - Joshua Waitzkin
>
> *Joshua est devenu champion national d'échec à 9 ans et champion du monde de tai chi à 27 ans. Il décrit dans ce livre comment il a trouvé les moyens de maîtriser ces deux disciplines aussi rapidement, englobant au passage tout ce qui fait, selon lui, "l'art d'apprendre".*

Celles du second type (Si tu veux approfondir, ce texte pourrait t'intéresser), quant-à elles, seront présentées de la sorte :

> (R!) Un article / Un livre que tu pourrais trouver intéressant : **A mind for numbers** - Barbara Oakley

*Barbara a toujours été une littéraire. Elle aime l'histoire et les langues étrangères mais avait une peur, voire un dégoût des nombres. Jusqu'à ses 26 ans. Elle a alors décidé d'arrêter de détester la science, pour des raisons économiques. Elle est maintenant professeur d'ingénierie électrique. Dans ce livre, elle explique comment devenir bon en sciences.*

Alors que celles du troisième type (Lis ce truc, je te dis), prendront cette forme :

R!!! Si tu ne lis pas cet article / ce livre, je dois malheureusement t'annoncer que ta vie n'a aucun intérêt, non vraiment, au moins jettes-y un œil : **Le cours de physique de Feynman**
*Richard était prix de Nobel de Physique, et il aimait vraiment enseigner. Il signe ici un cours de physique d'une clarté et d'un vivant exceptionnels. On peut presque le lire avant de s'endormir tellement il est agréable.*

Beaucoup des références que j'ai mises sont en anglais, parce que je les ai trouvées et lues dans la langue de Shakespeare. Si tu le souhaites, c'est une bonne occasion de pratiquer ton anglais ! Sinon, je suis pratiquement sûr que tu pourras facilement les trouver traduites.

Bon, on jacte, on pérore, mais en attendant, on arrive à plus de 20 pages sans l'ombre d'une notion de physique. C'est quand qu'on travaille, hein ? Allez, en selle !

## 1.5  Exercice : Le réchauffement climatique

Parce que oui, évidemment, tu apprends la physique parce que le monde a besoin de toi, non ?

**Exercice 1** (Réchauffement Climatique) :

Quelques éléments utiles à la résolution de l'exercice :
Le Soleil est situé à une distance de 8,3 minutes-lumière de la Terre et possède une température de surface de 5778 K.
La Terre a un rayon $R_T$ = 6371 km et le soleil un rayon

$R_\odot = 6{,}95 \cdot 10^5$ km. On rappelle qu'un corps noir de température $T$ et de surface $A$ rayonne une puissance $P_{\text{ray}}$ selon la loi de Stefan-Boltzmann : $P_{\text{ray}} = \sigma A T^4$. Où $\sigma$ est la constante de Boltzmann.

1. Dans un premier temps, calculer la température moyenne à l'équilibre de la Terre, en supposant que c'est un corps noir.

2. En réalité, la couche nuageuse Terrestre, ainsi que sa surface (sol, mer) réfléchissent 30% du rayonnement solaire incident, c'est la notion d'Albédo. On pourra noter $a = 0{,}3$. Calculer la température terrestre et la comparer à la température moyenne réelle $T_{\text{moy}} = 14°C$.

3. On peut prendre en compte l'effet de serre en modifiant la loi de Stefan-Boltzmann : $P_{\text{ray}} = \epsilon \sigma A T^4$. $\epsilon = 0{,}62$ quantifie la partie d'énergie rayonnée par la Terre qui atteint effectivement l'espace, le reste étant réfléchi par l'atmosphère. Calculer à nouveau la température moyenne à l'équilibre.

Depuis le début de l'ère industrielle, l'augmentation de la teneur en $CO_2$ de l'atmosphère terrestre a pour conséquence d'augmenter progressivement la valeur de $\epsilon$. Une des solutions imaginées pour arrêter l'augmentation de la température terrestre moyenne, voire la faire diminuer, est d'injecter dans l'atmosphère un gaz ou des particules bien choisis qui bloqueraient en partie les rayonnements du Soleil sans contribuer à l'effet de serre.

4. Supposons qu'un tel gaz soit injecté dans la haute atmosphère et absorbe 1 % du rayonnement solaire, tout en laissant passer le rayonnement émis par la Terre. De combien de degrés peut-on espérer faire diminuer la température terrestre ?

5. Que pensez-vous de cette idée ?

Bon. Si j'ai bien calculé mon coup. Tu n'as rien compris à cet exercice. Ou alors un peu, mais pas suffisamment pour répondre correctement. Si tu as tout compris et tout parfaitement réussi, il est fort possible que ce livre ne te soit pas d'une grande utilité. Sinon, l'objectif de ce livre est de faire en sorte que ce genre d'exercice devienne pour toi une partie de plaisir. On y va?

# 2. Les Quatre Étapes

## 2.0   Un physicien, c'est quoi?

Que cherche-t-on à faire quand on fait de la physique? Quel est le rôle d'un physicien? Quelle est la mentalité de celui qui observe le monde en pensant aux lois qui gouvernent l'univers tout entier?

**Comprendre et prédire**. Le physicien est à la fois un historien et un voyant. Il cherche à comprendre le passé pour prédire le futur, à comprendre le connu pour prédire l'inconnu. Qu'est-ce que comprendre le connu? D'une certaine manière, il s'agit de le prédire également, et de vérifier que notre prédiction colle à la réalité observée. Si c'est le cas, c'est que, quelque part, notre manière de prédire contient une part de vérité, et qu'on peut donc essayer de l'appliquer à quelque chose d'inconnu et voir ce qu'il se passe.

C'est une approche qui, au premier abord, n'a aucune raison de fonctionner et pourtant elle fonctionne. C'est peut-être un des plus grands mystères de l'univers, qu'il soit, en partie au moins, intelligible, que l'on puisse en saisir les subtilités et le fonctionnement.

Pour l'instant, contentons nous de nous demander ce qu'on cherche à savoir faire lorsqu'on apprend la physique. On cherche avant tout à être capable de résoudre des problèmes. Ce qu'on veut pouvoir faire, c'est d'utiliser nos connaissances et quelques calculs afin de démontrer ou de prévoir quelque chose. Que cette chose soit déjà connue ou qu'elle soit encore inconnue, il s'agit de comprendre et de prédire.

Ce qui compte n'est pas de connaître d'innombrables faits ou d'être un mathématicien virtuose. Ce qui compte c'est d'être capable de regarder quelque chose et de penser : "*c'est comme ça parce que...*" Ce qui compte est d'être capable d'imaginer la suite d'une situation donnée.

Ce qu'on va faire, dans le prochain chapitre, c'est se concentrer sur ce point : **Comment progresser en résolution de problèmes de physique ?** Non pas que je sois obsédé par la résolution de problèmes, mais parce qu'être bon à résoudre des problèmes, c'est être un bon physicien. Nous allons donc essayer de disséquer au mieux l'approche qu'on peut prendre pour résoudre des problèmes, et examiner les compétences qu'on a besoin de développer pour progresser à ce jeu mental.

C'est de là que tout découlera : comment apprendre la physique ? Comment lire un cours ? Comment réussir des exercices ? Comment s'en sortir lors des examens ?

Toutes ces questions sont liées à la résolution de problèmes, et les envisager sous cet angle les rend plus faciles, abordables... lumineuses. Imagine : tu peux réussir tout ce qui compose tes études en ne travaillant que sur quelques compétences !

## Les Quatre Étapes

C'est ici le cœur de ce livre, le cœur de mon approche de la physique et le cœur de l'approche de la physique par la plupart des physiciens. C'est aussi la chose à côté de laquelle passent trop d'étudiants, qui se retrouvent alors à devoir travailler de longues heures pour mémoriser le plus de choses possibles, pour être sûr d'avoir vu tous les exercices, d'avoir appris chaque information et d'avoir exploré chaque coin et recoin du cours, ce sans quoi ils seront désagréablement surpris lors du prochain examen. Pas toi, car voici, en quatre étapes, la recette (pas si) secrète pour être bon en physique, pour résoudre n'importe quel exercice, et en aimant ça !

## 2.1   Imaginer

### 2.1.1   Glander sous les nuages

L'été dernier je traînais sur la plage avec un ami et son père, tous deux physiciens. On parlait de tout et de rien, puis la conversation a dérivé vers les nuages. Je me demandais pourquoi diable ils avaient une limite nette sur les bords. Pour la limite inférieure, je sais, ça vient de la loi de Clapeyron :

Il y a toujours de l'eau dans l'air, sous forme gazeuse. Des particules gazeuses de $H_2O$ qui se promènent. Lorsqu'il fait froid, ces particules ont tendance à se rassembler et à former un liquide. L'idée est la suivante : la température fait vibrer et s'agiter ces particules, ce qui les empêche de s'agglutiner et de former des gouttes. Mais quand il fait froid, que la température (l'agitation des molécules) baisse, elles ne sont plus assez rapides pour s'éloigner les unes des autres, et les forces qui les font se rapprocher prennent le dessus, elles restent donc collées. Si on poursuit cette logique, puisque la température dans l'atmosphère baisse de manière assez linéaire avec l'altitude, il y a une certaine hauteur à partir de laquelle il fait suffisamment froid pour que les gouttes se forment, et c'est pour ça que la base des nuages est bien plate [1]. (Remarque : à ce moment là, je

---

1. Si jamais ça t'intéresse, la formule de Clapeyron ressemble à ça :

n'ai pas ressorti de tête un truc que j'avais appris, je l'ai visualisé et "ré-inventé"). Mais les bords ? Pourquoi est-ce qu'il n'y a pas juste un seul grand nuage à partir de la hauteur à laquelle il fait suffisamment froid pour que les gouttes s'agglutinent ?

Incapable de trouver seul une réponse à ce problème, je pose la question au père de mon ami, qui reste silencieux quelques secondes, puis m'explique qu'il ne sait pas (lire : il ne l'a jamais appris, expérimenté, il n'a jamais réellement étudié le phénomène), mais que ça pourrait bien être une sorte de généralisation de la tension de surface. En gros, ça demande moins d'énergie à une goutte d'eau d'être complètement entourée de gouttes d'eau plutôt que de se promener toute seule à l'écart. Donc elle vont avoir tendance à rester ensemble, et ainsi donner lieu à une surface à peu près nette.

Le silence retombe, et dans ma tête j'ai commencé à imaginer les forces électriques (de Van der Waals, peut-être ?) qui agiraient entre les gouttes. Les nuages électroniques qui se déforment, attirent les gouttes un peu trop lointaines, repoussent celles qui sont plus proches. Je n'avais aucune idée de si tout ça était vrai ou non mais je laissais mon cerveau jouer.

Puis j'ai dû dire quelque chose du style : "*Ouais, pas con.*"

Puis je me suis souvenu d'un bouquin que j'avais ouvert quelques années plus tôt, qui parlait des orages, et décrivait les nuages de manière très compliquée, avec des schémas à n'en plus finir. Je me suis mis à imaginer des gouttes, qui s'entre-attirent, des charges électriques qui se promènent un peu partout, des molécules d'eau qui montent sous forme de gaz, puis des gouttes qui se forment, tombent, se réchauffent à cause de la friction ou atteignent une zone plus chaude un peu sous le

---

$\frac{dP_{\text{transition}}}{dT} = \frac{\Delta_{\text{transition}}H(T)}{T\Delta_{\text{transition}}V}$. L'idée qu'on peut en extraire, sans trop s'attarder, est que la pression $P_{\text{transition}}$ à laquelle peut avoir lieu la transition de phase dépend de la température. Puisque la température ne dépend que de l'altitude ($T(z) = T_0 - az$), la pression de transition devient égale à la pression réelle à une altitude bien précise.

nuage et donc reprennent une forme gazeuse, puis remontent. Tranquille, allongé sur la plage à regarder les nuages et à imaginer tous ces mouvements, cet incessant ballet, je me suis senti fasciné par la complexité de ces machins blancs qui flottent dans les airs [2].

Puis quelques minutes plus tard j'ai dit quelque chose du genre : "*Putain, c'est beau.*" Et je suis reparti dans mes pensées.

De l'extérieur, la situation devait paraître super bizarre. Et aussi très ennuyeuse. Un type qui pose une question, du silence, l'autre qui explique un truc, puis du silence, puis "*Ah ouais, pas con*", puis du silence, puis "*Putain, c'est beau.*" Bizarre. Mais de l'intérieur ce n'est pas bizarre : de l'intérieur c'est un voyage, une petite aventure... et ça peut être assez sympa.

Un peu plus tard, on parlait de concours, des gens qui cartonnaient au concours Centrale-Supélec, *etc.* Et le même homme bourru, physicien passionné, me dit : "*C'est dingue, moi je comprends pas ça, les types qui peuvent juste entrer dans les calculs tête baissée, aller super vite. J'y crois pas. Peut-être que les gens comme toi de l'ENS vous faites pareil? C'est peut-être juste moi, avec mes limitations, mais si je ne me construis pas mon micmac dans ma tête avant de commencer à calculer, j'y arrive pas, je peux juste pas.*"

Ça m'a fait sourire. Quelques jours plus tôt j'avais écrit une table des matières approximative pour ce livre et je parlais de ça – exactement de ça. Du fait qu'à chaque fois que je m'apprêtais à résoudre un exercice de physique, je commençais par poser mon stylo et donnais l'impression de ne rien faire, parce que j'essayais de me créer tout un truc dans ma tête, avec des images,

---

2. La physique des nuages est un sujet complexe, et il semble qu'à ce moment là, on en a manqué une énorme partie : le rôle de la convection – c'est-à-dire le déplacement des masses d'air de densité, pression et températures différentes – dans la formation et la déformation des nuages. Le voyage n'en est pas moins beau car comment, sans cette aventure mentale, aurais-je pu avoir la motivation de continuer à chercher la réponse, plusieurs mois plus tard ?

des sensations, des choses qui bougent. Je ne savais pas trop comment appeler ce petit monde intérieur que je me construis en quelques minutes quand j'en ai besoin, ou envie. *"Micmac"*... ça me va [3]. Je lui dis, *"Oh non, je te comprends, je suis peut-être limité aussi, mais j'ai sacrément besoin de me créer toute une histoire dans ma tête avant de me lancer."*

Lui *"Ah ouais ? Peut-être que tout le monde fait ça. Même si je suis sûr que mon micmac est différent du tien, du sien."*

Mon ami, Luke (qui, bien qu'il aurait été amplement capable de participer à la discussion, devait penser complètement à autre chose à ce moment là), me dit alors : *"Viens on va se faire des passes de rugby."*

Je vous avais dit que de l'extérieur, c'est chiant les conversations de physiciens. Tout le but du jeu, c'est de réussir à rentrer dedans, parce qu'après, ça devient fascinant.

(R !!!) Une vidéo YouTube facile à trouver **Feynman - Fun to imagine**
*Ah Richard ! Que ferait-on sans toi ?*

## 2.1.2   Détends-toi et pense

*Enfin il faut se servir de toutes les ressources de l'intelligence, de l'imagination, des sens, de la mémoire, pour avoir une intuition distincte des propositions simples, pour comparer convenablement ce qu'on cherche avec ce qu'on connaît, et pour trouver les choses qui doivent être ainsi comparées entre elles ; en un mot on ne doit négliger aucun des moyens dont l'homme est pourvu.*

*— René Descartes*

---

3. C'est aussi très connu sous la dénomination : "faire de la physique avec les mains".

Tu te retrouves avec un problème de physique sous les yeux. Comment le résoudre ?

Deux cas de figure :

1. Tu sais exactement ce qu'il faut faire, et tu te mets à écrire instantanément, en sachant où tu vas.

2. Tu n'en as aucune idée, alors tu attends que l'inspiration vienne ou que quelqu'un corrige le problème à ta place, en tout cas, tu n'écris rien.

Logique non ?

Eh bien, pas vraiment. Dans un contexte scolaire, cette logique peut fonctionner, parce qu'effectivement, il y aura toujours un professeur, un livre ou un autre élève pour apporter une solution toute faite que tu retiendras tant bien que mal. Mais si on veut parler de faire de la physique, alors à mon avis il ne faut pas regarder les choses de cette manière-là. Il n'y a pas ceux qui écrivent d'un côté et ceux qui n'écrivent pas de l'autre. Tout comme il n'y a pas ceux qui savent d'un côté et ceux qui ne savent pas de l'autre. C'est plus compliqué que ça. Ce qui compte, pendant les quelques premières minutes face à un problème de physique, ce n'est pas ce qu'il se passe sur ta feuille mais ce qu'il se passe dans ta tête. Ce qui compte ce n'est pas si tu écris ou pas, ce qui compte c'est si tu réfléchis ou pas, si tu imagines quelque chose dans ta tête de plus réel, de plus visuel. L'important est que tu parviennes à trouver la logique du problème par toi-même, pas que tu décryptes instantanément les mots de la consigne pour directement passer à l'application des équations. Pour résoudre un problème qui te paraît insoluble, il suffit de le découper en plusieurs phases simples. Et la première phase, c'est d'utiliser ton imagination pour penser à la physique.

Détaillons un peu le procédé :

Dans un premier temps : oublie la feuille qui se trouve devant toi. Ce que tu dois avant tout réaliser et (je le répète) même si cela te paraît futile et que ça prend parfois beaucoup de temps[4] : la physique est simplement l'analyse et l'étude du monde qui nous entoure. Le monde réel, pas juste une situation décrite dans un cours obscur ou un exercice tordu.

Lorsque tu es face à un problème de physique et que tu ne connais pas la marche à suivre pour le résoudre, il faut faire abstraction du fait que tu es face à une feuille, en train d'écrire des lignes pour faire plaisir à un professeur et obtenir une bonne note. Oublie ces choses bassement matérielles et pense vraiment. Tu es là pour comprendre et expliquer une situation imaginaire qui pourrait se dérouler dans le monde réel, celui que tu connais, l'univers auquel tu appartiens et dans lequel tu vis depuis ta naissance.

Inspire-toi donc de notre cher Richard Feynman qui, lorsqu'il était encore étudiant et loin d'être reconnu, s'est retrouvé plus ou moins par hasard à donner sa première conférence de laboratoire face à Einstein, Pauli, et d'autres scientifiques incroyablement connus à l'époque et incroyablement brillants :

---

4. Il m'a fallu au bas mot deux ans, et je me surprends parfois encore à l'oublier.

*Puis vint l'heure de donner la conférence, et se tiennent face à moi ces **grands esprits**, qui attendent ! [...] Mais à ce moment un miracle s'est produit, comme il s'est produit de nombreuses fois au cours de ma vie, et c'est ma grande chance : à l'instant où je commence à réfléchir à la physique, [...] rien d'autre n'occupe mon esprit.*

– *Richard Feynman*

Il s'agit donc d'essayer d'imaginer ce qui se passerait dans le monde que tu connais, si la situation décrite dans le problème s'y retrouvait. Qu'est-ce que j'entends ici par imaginer ? Tout simplement de mettre des images sur la question qui se présente à toi. La forme que prennent ces images dans ta tête n'est pas importante, pour peu qu'elles soient logiques et stables, et que tu puisses t'en servir et jouer avec pour comprendre la situation. L'utilisation d'un papier et d'un crayon pour schématiser tes idées à mesure qu'elles apparaissent peut également fonctionner – chacun sa méthode et aucune n'est fondamentalement meilleure qu'une autre.

Ici va débuter un exercice – *la chute*, qui va se dérouler tout au long du **Chapitre 2. Les Quatre Étapes**. Il sera résolu à mesure que les étapes de résolution seront présentées.

**Exercice 2** (La chute) :

Un objet de masse $M$ tombe d'une hauteur $h$. Quelles sont les forces en jeu ? Que se passe-t-il ?

Bon, commençons par le commencement : Qu'est-ce que tu vois ? Moi, je vois l'une ou l'autre de deux choses : un stylo que je lâche à quelques dizaines de centimètres du sol, ou moi qui tombe de la tour Eiffel. Et toi, qu'est-ce que tu vois ?

Il est nécessaire de ne pas sauter cette étape de la réflexion : c'est celle qui donne un cadre à la suite de l'exercice, c'est celle qui te permettra de comprendre vraiment, en profondeur, et à ta façon ce qu'il se passe, et pourquoi la solution réside là où elle réside. Cette étape permet de déterminer quelle est la physique en jeu, d'intuiter quelles équations utiliser et de vérifier d'un coup d'œil les résultats (on en reparlera plus tard). De manière presque plus importante, cette étape permet de ne pas oublier qu'on n'est pas seulement face à une feuille en train d'essayer d'écrire le plus rapidement possible une réponse à une question sans intérêt particulier, mais qu'on essaie de comprendre le monde qu'on connaît.

Une fois que ce processus est terminé, prendre son stylo et faire un petit dessin n'est pas bien compliqué :

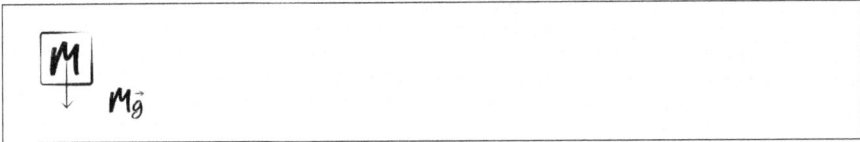

On a souvent dû te demander de faire un schéma au début de tes exercices. Peut-être n'as-tu jamais vraiment compris l'intérêt de la chose, et tu comprends bien maintenant que ce n'est pas vraiment le schéma qui importe, mais l'image formée dans ton esprit. Ton schéma en découle. Cette image est le support de ta pensée, le fondement auquel s'accroche tout ce qui suit. Sans cette image, résoudre un exercice de physique est souvent très difficile et très ennuyeux. Avec l'image, ça peut être un jeu.

### Faire un schéma

Le schéma lui-même, bien qu'il ne représente que la partie visible de l'iceberg, a tout de même plusieurs intérêts qui en font un bon investissement de glucides[5] au début de tes exercices.

D'abord, il te force un minimum à imaginer la situation et à te l'approprier (sauf si tu le dessines de manière automatique ou que tu recopies une image), ensuite, le faire implique ton

---

5. glucides + $n \cdot O_2 \rightarrow p \cdot H_2O + q \cdot CO_2$ + énergie pour faire bouger ton poignet

sens du toucher (difficile de dessiner une montgolfière sans que la courbe dessinée par ton poignet te rappelle la sphéricité du ballon). Bref, ça te permet de commencer à poser les choses sur le papier, même si tu n'es pas encore bien sûr de la suite, ça fait plaisir à ton professeur et enfin – et surtout – ça peut t'amener à te poser des questions intéressantes (où est-ce qu'une force s'applique, par exemple). Ton imagination sert de support à ton schéma, et ton schéma en retour sert de support à ton imagination. Les deux forment la base de ta réflexion et de la résolution du problème.

## Le sens physique

> *Ne pense pas. Ressens. C'est comme un doigt qui pointe la Lune, ne te concentre pas sur le doigt ou tu vas manquer cette beauté céleste.*
>
> *— Bruce Lee*

Attention, cette partie peut paraître un peu ésotérique mais, comme c'est de là que je tire la majeure partie du plaisir que j'ai à faire de la physique, et qu'il paraît qu'Einstein faisait quelque chose de similaire (probablement en bien mieux), je partage.

Je t'encourage à aller plus loin que de visualiser les choses : tente de ressentir le problème que tu essaies de résoudre. Pourquoi s'arrêter à visualiser le stylo qui tombe? Au final, la vision n'est qu'un seul des cinq sens! Pourquoi ne pas entendre le bruit qu'il fait en touchant le sol? Pourquoi ne pas entendre le flot d'air dans mes oreilles lorsque je tombe de la tour Eiffel, pourquoi ne pas se lâcher le stylo sur le pied et ressentir son impact? Pourquoi ne pas se sentir toucher le sol après une chute de 300 mètres... (peut-être parce que ça devient désagréable...)

J'ai entendu trop de fois des professeurs de physique dire de quelqu'un : "*Oh lui! Il n'a aucun sens physique.*" Pour moi c'est un non-sens. Tout le monde a un sens physique. On vit dans l'univers que la physique essaie de décrire, on fait des expériences innombrables, depuis des années, tous les jours. Tu sais exactement ce qu'il se passe si tu lâches ta tasse de café sur ton carrelage lorsque tu es debout. Tu sais exactement ce qu'il se passe si tu mets ta main hors de la fenêtre de ta voiture, tu sens le vent dans ta main, si tu l'inclines d'une certaine façon elle va monter, de l'autre elle va descendre. Tu sais tout ça, et tu sais tellement plus encore.

Essaie, par exemple, de t'imaginer caresser un chat, lancer un ballon, jouer du piano, faire du karaté. C'est bien plus qu'une simple visualisation, tu peux certainement sentir la fourrure sous ta main, la vibration délicate du ronronnement de cet animal si adorable, tes gros muscles (ou pas) se tendre pour lancer la balle, tes doigts qui se promènent avec aisance sur les touches blanches et noires du clavier. Peut-être entends-tu même les notes d'une mélodie familière en réaction à la pression des touches du piano, peut-être peux-tu ressentir le poing de ton adversaire frôler doucement ta joue droite pendant que tout ton corps se déplace imperceptiblement sur la gauche, la pression sous tes pieds se propageant rapidement le long de ton corps pendant que ton bassin pivote et que ta main gauche, avec une synchronisation digne d'un ballet, trouve son chemin vers les dents de cet imbécile qui a cru pouvoir t'affronter.

Évidemment, pour ces deux derniers exemples, si tu n'as jamais fait ni de karaté, ni de piano, c'est plus difficile. Celui qui a fait du piano aura beaucoup plus de chances de pouvoir se concentrer sur ces images et ces sensations, d'entendre une mélodie précise. Celui qui fait du karaté est probablement déjà parti loin dans les six ou sept mouvements suivants pour finir ce combat foireux que je viens de décrire. Il est peut-être même déjà en train de réviser ses katas... Mais les autres peuvent commencer par imaginer le contact du dogi (la tenue que l'on porte lors de la pratique des arts martiaux japonais). Peut-être même sentir le tatami sous leurs pieds nus. S'ils se concentrent, ils peuvent avoir un début de quelque chose.

Utiliser son sens physique, ce n'est rien de plus que d'utiliser ça : sappuyer sur la montagne de connaissances qu'on a du monde pour comprendre ce dont la physique parle. C'est une façon de s'engager de manière beaucoup plus intéressante avec les choses qu'on étudie, de s'en souvenir beaucoup mieux et de les rendre beaucoup plus naturelles à appréhender [6].

---

**Exercice 2** (La chute (suite)) **:**

Si la chute est suffisamment longue, dans de l'air, le corps atteindra une vitesse limite. Pourquoi ?

C'est le moment de se remettre à tomber de la tour Eiffel. Quand tu tombes, que ressens-tu ? Personnellement, d'abord, de la peur. Mais je ne suis pas sûr que la physique soit très adaptée pour décrire ça. Je vais donc me contenter de mes vêtements qui volent un peu partout, parce que plus je tombe vite, plus je me ramasse d'air dans la tronche. Après on tourne ça en une phrase pompeuse (rigoureuse, pardon) et le tour est joué.

---

6. Il y a certains domaines de la physique dans lesquels cette façon de faire peut être mal adaptée. En physique des particules par exemple, les objets étudiés sont tellement éloignés de nos sensations quotidiennes qu'essayer de s'y référer peut être trompeur. D'un autre côté, Einstein parvenait à imaginer comment il verrait le monde en s'asseyant sur un électron se déplaçant à une vitesse proche de celle de la lumière... et il est assez courant que les étudiants de physique qui travaillent sur la relativité finissent par y parvenir également ! Si tu étudies ce genre de physique à l'avenir, je te fais confiance pour trouver ta propre façon de faire. En attendant, essaie de "ressentir" les mouvements, la convection, les flux de chaleurs, les champs électriques, et les autres myriades de phénomènes que tu découvres ou re-découvres en cours de physique.

$$\vec{F_f} = -f\vec{v}$$

$$\boxed{M}$$

$$M\vec{g}$$

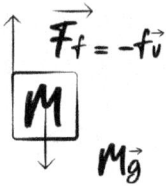

Les frottements de l'air sur le corps vont ralentir celui-ci, et ce d'autant plus que sa vitesse est élevée. À partir du moment où une certaine vitesse est atteinte, il y a équilibre entre la force de pesanteur et la résultante des forces de frottement, donc la vitesse n'augmente plus.

Avec le temps, on peut développer son sens physique, c'est à dire commencer à être non seulement capable de visualiser les choses, mais à les ressentir alors qu'on est tranquillement installé dans sa chaise. Très rapidement, on peut en arriver à un stade où l'on peut faire mieux que ça, et imaginer, voire ressentir des situations que le réel ne nous avait pas vraiment présenté de manière directe.

Je m'explique. Il y a de ça quelques années, quand j'étais à Princeton pour un stage de physique des plasmas, je me souviens distinctement de la conversation suivante entre un excellent chercheur bien établi et une jeune chercheuse en post-doctorat :

- Jeune Chercheuse : *"J'ai du mal à comprendre ce qu'il se passe dans la situation X. Cette instabilité de Weibel, j'ai les équations, mais je ne comprends pas vraiment ce qu'il se passe."*

- Chercheur confirmé : *"Ok, voyons voir... Imagine un électron. Non, imagine que **tu es** un électron. Quelles sont les forces qui agissent sur toi ? Qu'est-ce que tu ressens ?"*

Oui, ces types sont à un tout autre niveau, mais on peut y arriver, tout doucement.

Chercheur renommé          Post - Doc              Moi

Il y a un exemple foireux qui m'aide à me souvenir dans quel sens tournent les ions et les électrons autour d'un champ magnétique. Je m'imagine jouer avec le couvercle d'un pot de confiture. Le champ magnétique pointe vers moi. Je peux visser le couvercle, mais cela demande un peu d'effort et je ne peux pas le faire très vite, par contre lorsque je dévisse le couvercle (une fois que le pot est pratiquement ouvert) je peux "lancer" le couvercle dans le sens de l'ouverture, et il va tourner sur lui-même très facilement. De même, les ions, "lourds" tournent lentement dans le sens du vissage. Les électrons, plus légers, tournent rapidement dans le sens du dévissage [7].

J'aimerais que tu essaies de faire la même chose quand tu abordes un problème de physique, quand tu lis un cours, ou même (c'est plus facile) un livre de vulgarisation. Il s'agirait que tu "sentes" le skieur descendre la pente, que tu "sentes" le pendule osciller, et avec de la pratique et de l'expérience, tu pourras un jour peut-être "sentir" le mouvement des électrons. Il ne s'agira plus alors juste de se rappeler de cette foutue formule,

---

7. C'est complètement con, oui, mais je dis ça pour te dé-traumatiser, tu peux utiliser ton sens physique pour tout et n'importe quoi, de la manière qui te plaît, du moment que tu le garde sous contrôle grâce à une certaine rigueur intellectuelle et que tu es certain que, même si c'est débile pour tout le monde, ça fonctionne réellement pour toi.

elle fera partie de toi, et tu pourras la retrouver juste par la logique, ta logique.

C'est ton tour :

Exercice 3 (La surface du soleil) :

1. Quel est le poids d'un objet de masse $m = 1,5$ kg à la surface du soleil ?
2. En ne prenant en compte que le transfert thermique par rayonnement, combien de temps faudrait-il pour faire évaporer $V = 1,5$ L d'eau initialement à 15° C à la surface du Soleil ? On peut considérer que la surface d'eau qui reçoit le rayonnement est une surface circulaire de diamètre $d = 10$ cm ?

**Données :**
Masse du soleil $M_\odot = 1,99 \cdot 10^{30}$ kg
Rayon du soleil $R_\odot = 6,95 \cdot 10^8$ m
Constante universelle de gravitation $\mathcal{G} = 6,674 \cdot 10^{-11}$ USI
Puissance rayonnée par unité de surface par la surface du soleil $p_\odot = 6,32 \cdot 10^7$ W/m$^2$
Chaleur latente de vaporisation de l'eau $l = 2257$ kJ/kg
Capacité calorifique massique de l'eau $c_m = 4,186$ kJ/kg/K

Si tu fais cet exercice "bêtement", en te contentant de suivre les questions, en écrivant des égalités et des nombres mais sans imaginer quoi que ce soit, tu n'en tireras pas grand chose. Quelques multiplications et quelques nombres dans ta calculatrice, bon... En revanche, si tu essaies de ressentir ce que ça fait de tenir une bouteille d'eau à la surface du soleil, ça te donnera un début d'idée de ce que représente cette monstrueuse boule de feu (plus rigoureusement de plasma, mais tu verras ça en temps et en heure) qui maintient tout notre système solaire, de l'énergie démentielle qu'elle libère et qui a permit de développer la vie sur Terre, et de cuire la surface de Mercure qui lui fait face[8].

8. Mercure "cuit" pour deux raisons : la première est sa proximité au So-

## 2.2   Écrire les équations

C'est ici que les choses se corsent souvent, pour les étudiants. Cela dit, c'est également souvent par là qu'ils commencent. Et la plupart du temps c'est commencer qui est difficile. Ce qui nous laisse avec la question : est-ce que les choses se corsent parce que c'est là que les étudiants commencent ou est-ce qu'elles se corsent parce qu'écrire les bonnes équations est difficile ?

### 2.2.1   Du micmac aux équations

Ayant suivi la dernière partie, tu as imaginé le problème que tu essaies de résoudre avant même le premier contact entre ton stylo et ta feuille. Quand vient le moment d'écrire les équations et les principes, ton esprit est donc déjà échauffé et ça devrait grandement simplifier les choses.

Quelles équations choisir ? Il y en a tellement !

Eh bien, en fait, non, il n'y en a pas tant que ça. Enfin, si, il y en a plein, mais on peut s'en sortir avec assez peu. C'est une des

---

leil, à laquelle elle doit d'ailleurs son nom. En effet, Mercure étant très proche du Soleil, il est très difficile de l'observer, et on ne peut le faire que brièvement à la levée du jour ou à la tombée de la nuit. Et encore, pas à n'importe quelle saison. Le reste de la journée, on est tout simplement ébloui par le Soleil et on a aucune chance de la voir. La brièveté de l'observation de ce petit point lumineux dans le ciel a fait penser aux Romains à leur rapide dieu messager : Mercure. La deuxième raison de cette "cuisson" est que Mercure est verrouillée gravitationnellement avec le Soleil avec une résonance 3/2, ce qui signifie qu'elle tourne trois fois sur elle-même pendant deux orbites autour du Soleil. Avec quelques calculs ingénieux, on peut montrer que ses journées (le temps que le Soleil met à revenir à la même position dans le ciel) sont deux fois plus longues que ses années ! Avec des journées de 176 jours terrestres, et une faible distance au Soleil, la surface de Mercure faisant face au soleil a en effet les deux principaux ingrédients d'une cuisson réussie : le temps et la puissance de chauffage (de même, de l'autre côté de la planète, la surface gèle pendant la nuit !). Comme beaucoup de choses, plus on s'y penche de près, plus c'est intéressant... D'ailleurs, si tu ne sais pas pourquoi la lune nous présente toujours la même face, cet espèce de smiley un peu bizarre, et que tu as envie de le savoir, tape "verrouillage gravitationnel" sur Google, Ecosia ou autre, et apprends bien !

raisons pour lesquelles j'adore la physique. On peut s'en sortir avec très très peu de mémorisation, il suffit de substituer l'effort de mémoire à la logique.

Pour réussir cette étape-ci, il y a deux choses à faire :

1. Un travail en amont, qui consiste à identifier les quelques équations utiles dans un cours. En général, il y en a rarement plus de deux ou trois par chapitre et, avec le temps et l'expérience, pas vraiment plus de sept ou huit pour les deux premières années de l'université, tout compris. Une fois ces formules identifiées, il s'agit de les retenir. Plus tard dans ce livre je t'expliquerai comment isoler ces quelques équations importantes dans un cours, afin de ne pas t'encombrer la mémoire avec tout le reste.

2. L'utilisation de ton imagination pour sélectionner les équations utiles, ce dont on va parler ici.

Maintenant que tu as visualisé ce qu'il se passe, il ne devrait pas t'être trop difficile de déterminer la physique en jeu, en répondant aux deux questions suivantes :

- Qu'est-ce qu'on étudie ?
- Qu'est-ce qui peut agir dessus ?

**Qu'est-ce qu'on étudie ?** te permet de définir un système, souvent noté entre accolades : {système}. C'est important de le définir sans quoi on se mélange facilement les pinceaux. Le système est celui sur lequel agissent les choses extérieures. Le système est celui par rapport à quoi on défini les entrées et sorties.

**Qu'est-ce qui peut agir dessus ?** Ce système est-il modifié ? Comment ? Par quoi ?

Cela peut sembler très abstrait présenté comme ça, mais après avoir bien fait la première étape de visualisation, ça ne devrait pas être si difficile.

Reprenons notre exemple tout simple :

Exercice 2 (La chute (suite)) :

> Écrire l'équation décrivant la chute du corps de masse M dans le champ de pesanteur terrestre, en prenant en compte une force de frottement fluide de la forme $-f\vec{v}$ où $f$ est le coefficient de frottement entre le corps considéré et l'air.

**Qu'est-ce qu'on étudie ?** Le corps de masse M.

**Qu'est-ce qui peut agir dessus ?** La force de pesanteur $M\vec{g}$, les forces de frottements $-f\vec{v}$. Et quand on parle de forces, Newton est souvent dans les parages, donc avec la seconde loi de Newton (ou principe fondamental de la dynamique, ou je ne sais quel autre nom) $M\vec{a} = \sum \vec{F}_{\text{ext}}$, on devrait s'en sortir.

Donc, un peu à l'arrache, ça donne (ce qui est vraiment le cœur du problème) :

$$\text{Système : } \{\text{masse M}\}$$
$$M\vec{a} = M\vec{G} - f\vec{v}$$

Une fois que tu as les équations, c'est sympa pour toi-même et celui qui te lira de définir tous les termes dans ton équation. Tu peux faire ça sous forme de liste ou avec des flèches. Assure-toi que tout ce qui n'est pas vraiment évident soit bien défini. C'est-à-dire qu'avec un peu plus de rigueur, une résolution idéale ressemble un peu plus à ça :

Système : {Corps de masse M}
Référentiel : Terrestre Galiléen
Bilan des Forces :
- Poids $M\vec{G}$ avec $\vec{G}$ l'accélération de la pesanteur terrestre.
- Frottements $-f\vec{v}$ avec $f$ le coefficient de frottement fluide.
Seconde loi de Newton : $M\vec{a} = M\vec{G} - f\vec{v}$

### 2.2.2 Ce que tu cherches. Ce que tu connais.

Maintenant le jeu est le suivant :

Dans tout ce que tu as écrit, **quelle est la quantité que tu cherches ?** Et **quelles sont les quantités que tu connais ?**
Plus rarement, tu peux avoir besoin de te demander : y a-t-il des quantités que tu ne cherches pas ET que tu ne connais pas ? En as-tu besoin pour trouver celle que tu cherches ?

En suivant le même exemple, admettons que la question soit la suivante :

---

**Exercice 2** (La chute (suite)) :

Écrire l'équation permettant de déterminer la vitesse limite de la chute si on considère le sol comme suffisamment lointain pour qu'elle puisse être atteinte ?

Dans ce cas c'est facile, on cherche $\vec{v}$ quand $\vec{a} = \vec{0}$, ce qui est la définition d'une vitesse limite.

$$\text{Par définition } \frac{d\vec{v}_{lim}}{dt} = \vec{0},$$

$$\text{donc } \vec{0} = M\vec{g} - f\vec{v}_{lim}$$

Si la question était plus avancée :

---

**Exercice 2** (La chute (suite)) :

Le corps de masse M tombe d'une hauteur h, établir les équations qui permettront de calculer l'instant $t_c$ de la collision avec le sol.

Ici ce qu'on cherche n'apparaît pas directement dans nos équations, il faudra donc le faire apparaître. J'imagine que tu sais déjà ce qu'il va falloir faire : on veut faire apparaître un temps à partir d'une équation différentielle, il faudra donc se retrousser les manches et résoudre l'équation différentielle, afin d'exprimer la distance $\vec{z}(t)$ parcourue en fonction du temps, ce qui fera apparaître le temps dans nos équations. Ou en d'autres termes, puisque $\vec{a} = \frac{d\vec{v}}{dt}$, c'est dans $\vec{a}$ que se trouve le temps. Il va donc falloir se débrouiller pour le faire sortir de là de manière plus claire.

---

$$M\frac{d\vec{v}}{dt} = M\vec{G} - f\vec{v}$$

$$\frac{d\vec{v}}{dt} = \vec{G} - \frac{f}{M}\vec{v}$$

qu'on peut écrire comme une équation différentielle du premier ordre en $\vec{v}(t)$ :

$$\frac{d\vec{v}}{dt}(t) + \frac{f}{M}\vec{v}(t) = \vec{G}$$

On pose $\boxed{\tau = \dfrac{M}{f}}$

On peut alors écrire :

$$\boxed{\frac{d\vec{v}}{dt} + \frac{1}{\tau}\vec{v} = \vec{G}}$$

et on a :

$$\boxed{\frac{d\vec{z}}{dt}(t) = \vec{v}(t)}$$

---

J'ai souvent entendu dire qu'à ce moment d'un problème, il fallait établir une stratégie de résolution. Je ne suis pas sûr que ce soit réaliste. En effet, en tant qu'enseignant, on a beaucoup d'expérience, on voit bien où les choses vont aller, et on peut en quelque sorte préparer un plan de bataille. Mais en tant qu'étudiant... c'est la galère. C'est plus intimidant qu'autre chose d'essayer d'établir cette stratégie et tu ne le feras donc probablement jamais, ou alors tu le feras mais ça te prendra beaucoup de temps et d'énergie.

C'est pour ça que je te propose plutôt de faire quelque chose de relativement simple : te contenter d'écrire les équations que tu penses importantes (d'où le nom de la deuxième étape : "écrire les équations"), et commencer à jouer avec. Tu verras bien si ça ne mène nulle part ou s'il te manque quelque chose. Tu pourras revenir à cette étape en plein milieu de la suivante : "*ah mince, je ne connais pas cette valeur, est-ce que j'ai oublié une équation importante ? Est-ce que j'ai manqué une partie essentielle de la physique de ce truc ?*"

Pour le moment c'est même plutôt important, à mon avis, de ne pas trop en faire. Il vaut mieux commencer avec une ou deux équations simples, touiller un peu, voir si on s'en sort. Puis complexifier s'il manque quelque chose, que d'essayer de mettre toute la physique d'un coup et risquer de se retrouver avec des calculs insolubles. Ça peut aussi éviter de tourner en rond parce qu'on a intégré la même notion physique plusieurs fois dans nos équations sans s'en rendre compte[9].

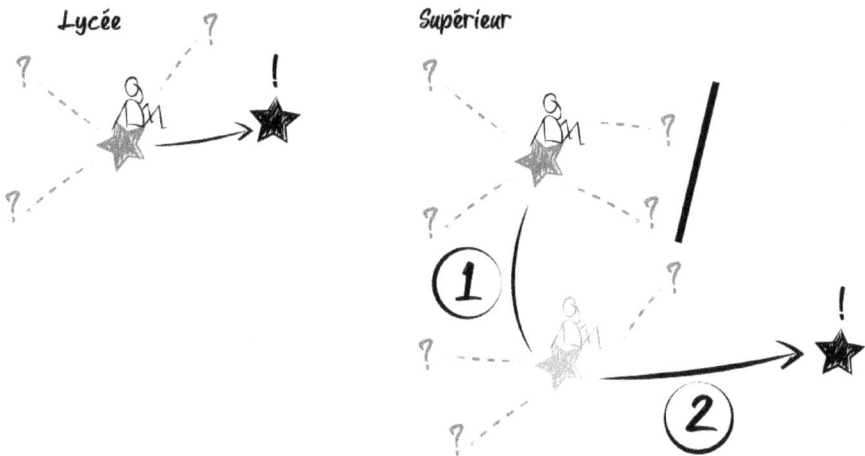

Un prof m'a un jour expliqué que la différence principale entre le lycée et le supérieur, c'est qu'au lycée, juste en réfléchis-

---

9. Bonjour la seconde loi de Newton et la conservation de l'énergie mécanique !

sant, tu pouvais trouver quoi faire, puis le faire, et c'était plié. Dans le supérieur, réfléchir est un bon début, mais souvent il faut se lancer et voir où ça mène avant de réaliser dans quelle direction se trouve la solution.

Prenons un exemple simple :

**Exercice 4** (dérive d'un nageur) :

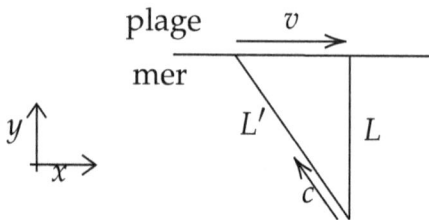

On se propose d'étudier le mouvement d'un nageur qui essaie de rejoindre la plage par le chemin le plus court, de distance $L$ le long de l'axe $(Oy)$. Il se déplace à la vitesse $c$ par rapport à l'eau. On supposera que la mer présente un fort courant le long de la plage, que l'on modélisera par un mouvement de l'ensemble de l'eau à la vitesse $v$ le long de l'axe $(Ox)$. Le nageur s'arrange pour orienter la direction dans laquelle il nage pour que son mouvement effectif soit bien le long de $(Oy)$. Ce faisant, il parcourt une distance effective $L'$. Exprimer le temps $\Delta T$ qu'il met à atteindre la plage en fonction de $L$, $v$, et $c$. Donner la condition sur $v$ et $c$ pour que le nageur puisse atteindre la plage.

D'après le théorème de Pythagore $L'^2 = L^2 + v^2 \Delta T^2$. Or le temps qu'il mettra à parcourir cette distance est $\Delta T = L'/c$.

Beaucoup d'étudiants se refusent à écrire la formule pour $L'$. Non pas parce que c'est difficile, mais parce qu'une petite voix dans leur tête leur dit qu'elle dépend de $\Delta T$, et que justement, on ne connaît pas $\Delta T$, et du coup c'est la panique. Pourtant, comme dit plus haut, même si le chemin vers la solution n'est

pas évident à première vue, il suffit d'écrire et la
situation se débloque toute seule.

On a donc :

$$\Delta T = \frac{\sqrt{L^2 + v^2 \Delta T^2}}{c}$$

$$\Delta T^2 = \frac{L^2 + v^2 \Delta T^2}{c^2}$$

$$\Delta T^2 \cdot (c^2 - v^2) = L^2$$

$$\Delta T = \frac{L}{\sqrt{c^2 - v^2}}$$

Pour que le nageur puisse atteindre la plage, il faut que $v < c$.

Si v tend vers c, d'après les calculs, le nageur
pourra atteindre la plage, mais il risque de s'épuiser
avant. Ça pourrait être marrant de modéliser l'épui-
sement du nageur en faisant dépendre sa vitesse c
du temps d'ailleurs... Mais bref.

**Contente-toi d'écrire les équations que tu penses impor-
tantes et commence à jouer avec.**

Avant d'aller plus loin, et avant que tu te plaignes parce que : *"Les formules, c'est chiant, je préférerais que les profs nous expliquent avec des mots"*, j'aimerais passer trente secondes à philosopher sur la beauté des équations.

### Les civilisations avancées de notre galaxie

D'abord, prenons une formule sympathique, bien qu'un peu spéculative, polémique et n'appartenant pas nécessairement au domaine de la physique telle que communément considérée.

Nous allons parler ici de la fameuse équation de Drake, qui tente d'évaluer le nombre $N_C$ de civilisations avancées qu'on pourrait détecter dans notre galaxie.

Frank Drake, en 1961, écrit :

$$N_C = r_* \times f_p \times N_p \times f_v \times f_c \times \tau_c \qquad (2.1)$$

En nommant un par un les termes, j'espère te faire prendre conscience de l'une des principales beautés des équations : elles permettent de clarifier la pensée d'une façon que l'intuition seule a du mal à atteindre, et à la structurer d'une manière que les mots seuls ne peuvent que rarement permettre. Chaque fois qu'un terme est défini, je t'encourage à jeter un œil à l'équation (2.1) pour réfléchir au rôle qu'il y joue, et te demander si tu es d'accord.

- $r_*$ est le nombre d'étoiles qui se forment par unité de temps dans la galaxie
- $f_p$ est la fraction de ces étoiles possédant des planètes
- $N_p$ est le nombre de planètes par étoile ayant les conditions nécessaires pour héberger la vie
- $f_v$ est la fraction de planètes qui vont effectivement voir la vie se développer durant la durée de vie de l'étoile
- $f_c$ est la fraction des planètes hébergeant la vie qui vont voir cette vie se développer en une civilisation avancée
- $\tau_c$ est la durée moyenne pendant laquelle une telle civilisation serait détectable

Admets que c'est satisfaisant non ? Je te mets au défi de faire un truc pareil avec simplement ton intuition ou tes mots !

### Retourner une équation

Lorsqu'on utilise des équations de physique "un peu" mieux établies, comme la conservation de l'énergie, ou ce genre de choses, on peut de même être particulièrement satisfaits par la clarté qu'elles nous apportent. En plus, on peut leur faire tellement confiance qu'on peut les retourner en tous sens tout en sachant qu'elles restent valables, et on peut alors en tirer des choses très intéressantes.

Par exemple, on peut se débrouiller avec un peu d'hydro-statique pour écrire la pression de l'air dans l'atmosphère en fonction de la hauteur sous la forme [10] :

$$P(z) = P_0 e^{-\frac{Mg}{RT} z} \qquad (2.2)$$

Ce qui est relativement satisfaisant. Et ce qui est génial, c'est qu'une telle équation contient une quantité monstrueuse d'in-formations, que l'on peut extraire relativement aisément, et ça je ne vois pas comment on pourrait imaginer s'y prendre avec des mots.

Retournons la pour attraper $z$ par exemple :

$$z = \frac{RT}{Mg} ln \left( \frac{P_0}{P(z)} \right) \qquad (2.3)$$

Qu'est-ce que ça veut dire que ce truc? Eh bien, ça veut dire que si tu me donnes la température et la pression de l'air, je pourrais te dire à quelle hauteur on est. Si tu trouves ça com-plètement débile, faisons quelque chose qui a peut-être plus de sens : quelle est la hauteur approximative de l'atmosphère ter-restre? Définissons la par exemple comme la hauteur à partir de laquelle la pression de l'air est divisée par... e (=2, 71828...)?

Eh bien c'est :

$$h = \frac{RT}{Mg} \qquad (2.4)$$

et ça c'est environ 8 km. Pas mal, non?

Ou alors, soyons fous, admettons qu'on est sur une planète inconnue (avec une atmosphère isotherme), et qu'apparemment

---

10. En considérant une atmosphère isotherme et blabla, c'est pas le mo-ment.

l'atmosphère est constituée d'un gaz de masse molaire $M$ (que notre vaisseau spatial a les moyens de mesurer) et qu'on aimerait mesurer la gravité de la planète à l'aide d'un baromètre, comment on fait ?

$$g = \frac{RT}{Mz} ln \left( \frac{P_0}{P(z)} \right) \tag{2.5}$$

Et bien voilà. C'est une solution (un peu nulle certes, d'autant qu'il va falloir descendre pour mesurer $P_0$, puis remonter pour mesurer $P(z)$ et que ce ne sera pas précis et que cette histoire de planète qu'on a réussi à atteindre sans connaître sa masse c'est n'importe quoi et blablabla mais bon, oh, c'est pour l'exemple !)

Enfin bref, l'important dans tout ça, et la chose que tu dois retenir, c'est que n'importe quelle équation te permet de faire ça, de la retourner dans tous les sens jusqu'à en extraire exactement ce dont tu as besoin. Tu vois bien que les équations (2.2), (2.3) et (2.5), c'est la même chose. Il y a la même information dans l'une et l'autre, et il est très facile de passer de l'une à l'autre. Tout ça montre bien qu'à partir de l'équation (2.2) tu as accès à des tas d'informations et qu'il te suffit de mélanger un peu l'équation pour en tirer l'information désirée. Avec des mots, ou même avec des images, il est parfaitement impossible d'atteindre un tel niveau de polyvalence ou de clarté ! [11]

Et ça, je ne sais pas toi, mais moi je trouve ça beau.

### 2.2.3   Les 7 équations des deux premières années

Et puisque c'est beau, et qu'on peut retourner les équations dans tous les sens pour en extraire ce qu'on cherche, il se trouve que, si on s'y prend bien, il n'y a pas énormément d'équations à retenir en physique. Vraiment pas. Voilà ce que j'ai retenu de mes deux premières années de prépa :

---

11. *"Oui alors heu, la pression de l'air diminue de façon exponentielle en fonction de l'altitude et ce d'autant plus que la gravité est forte et que la masse molaire de l'air est grande, et d'autant moins que la température est ..."......zzzZZZzzz.*

$$m\vec{a} = \vec{F}$$

$$\operatorname{div}(\vec{B}) = 0$$

$$\overrightarrow{\operatorname{rot}}(\vec{E}) = -\frac{\partial \vec{B}}{\partial t}$$

$$\operatorname{div}(\vec{E}) = \frac{\rho}{\epsilon_0}$$
(2.6)

$$\overrightarrow{\operatorname{rot}}(\vec{B}) = \mu_0 \vec{j} + \mu_0 \epsilon_0 \frac{\partial \vec{E}}{\partial t}$$

$$\Delta G = E - S$$

$$j_n = -D\frac{\partial n}{\partial x}$$

Voilà. Pour moi le reste, soit ça se redémontre, soit c'est évident. Mais **attention**, je n'ai absolument pas écrit cette liste d'équation pour que tu te dises : "*Oh bah c'est bon, j'apprends ça par cœur et tout va bien se passer.*" Non non non. C'est un procédé. Je ne suis pas arrivé là en apprenant par cœur ces équations. Loin s'en faut.

J'ai juste patiemment redémontré tout le reste en fonction de ce qui me paraissait le plus logique. Et à chaque fois je suis retombé sur celles-ci, que je ne vois pas bien comment je pourrais redémontrer. Et parce que j'ai fait ce travail, il est évident dans ma tête que l'équation de Navier-Stokes, par exemple, c'est juste $m\vec{a} = \vec{F}$. Le premier principe de la thermodynamique aussi, en étant patient et en faisant quelques écritures osées. Ou que les lois de l'électricité sont une soupe des équations de Maxwell mélangées dans le bon sens. Ou que l'optique c'est encore Maxwell, avec quelques épices.

A force de retomber encore et toujours sur ce groupe d'équations, j'ai fini par les aimer, parce qu'elles me simplifiaient la vie, parce que je les trouvais belles, parce qu'à force de les voir, on est devenus intimes. Au final, on peut quand même dire que je les ai apprises par cœur... mais pas dans le sens où on l'entend habituellement[12].

Et toi, quelles équations connais-tu par cœur ?
Sache que c'est ton rôle, maintenant, de trouver les tiennes, d'en découvrir quelques secrets, de passer du temps avec elles, et d'apprendre à les aimer. Peut-être que ton ensemble d'équations sera plus long, ou plus court, et peut-être qu'il sera totalement différent. Mais l'important c'est qu'il regroupe tout ce dont tu as besoin pour réussir à dénouer tous les problèmes auxquels tu seras confronté, et que lui et toi, vous vous entendiez bien.

---

12. Remarque : l'élégance de ce jeu de mot foireux revient à un des professeurs les plus intéressants que j'ai connu.

## 2.3   Calculs

### 2.3.1   Propre, mais pas trop

Lorsque les équations sont posées et que tu sais ce que tu cherches, il ne reste plus qu'un objectif, arriver jusqu'à :

ce que je cherche = fonction (ce que je connais)

Maintenant que tu as aligné toutes les équations utiles, ce n'est plus qu'un puzzle avec lequel jouer un peu.

Pour y arriver, je recommande de te mettre en mode automatique. C'est-à-dire faire les calculs de manière fainéante. Enfin, fainéante pour le cerveau qui va juste laisser les calculs se dérouler et s'enchaîner tranquillement, mais courageuse pour la main qui tient le stylo, prenant le relais. Il s'agit alors d'écrire chaque ligne, sans réfléchir, sans chercher à prendre de raccourcis à moins qu'ils ne soient vraiment, mais alors vraiment, évidents. Bref, te contenter d'écrire, sans trop penser, en faisant des opérations simples.

C'est un moment où l'on peut, en quelque sorte, se reposer, profites-en! Les mathématiques, fruits de plusieurs milliers d'années de développement par les plus brillants esprits humains, sont à ta disposition. Tu n'as plus qu'à les laisser faire leur boulot! Normalement, en t'y prenant de cette manière-là, tu éviteras que tes calculs prennent une éternité. Ce que j'ai remarqué avec moi-même et avec des dizaines de mes camarades de classe, puis plus tard avec mes étudiants, c'est qu'essayer de gagner du temps dans ses calculs en faisant des simplifications "malignes", et des calculs de tête rapides, est souvent paradoxalement une perte de temps, et ne sert qu'à s'impressionner soi-même.

Comment ça une perte de temps? Eh bien tout simplement parce qu'à chaque fois que tu vas faire une simplification de Sioux, elle posera un petit germe d'incertitude quelque part dans un coin de ton cerveau. Ce germe n'est pas trop gênant tant qu'il n'y en a qu'un et que le calcul à effectuer n'est pas trop long, ou une fois qu'on arrive au résultat et qu'on est sûr qu'il est bon. Par contre, il est extrêmement énervant lorsqu'on est incertain du résultat, qu'il y a plusieurs germes d'incertitude ou que le calcul est long. Il m'est arrivé des dizaines de fois de tourner en rond pendant extrêmement longtemps à cause d'une erreur faite lors d'une simplification "intelligente" que je n'arrivais pas à retrouver.

Lorsqu'on effectue les calculs de manière détaillée et avec des opérations terriblement simples, la seule chose qui prend du temps est d'écrire, mais puisqu'on ne se perd pas, et qu'on ne tourne pas en rond, cette durée restera relativement faible. En plus, on fait deux choses extrêmement importantes : on permet à son cerveau de se reposer un peu, et on fait une feuille facile à relire (pour soi et pour son correcteur). Ces deux choses sont fondamentales pour l'étape suivante : la vérification des résultats, qu'on abordera dans quelques pages.

Il y a donc deux points importants ici :

**Préparer sa feuille à être inspectée facilement**, et **ne pas fatiguer son cerveau**.

Pour ce qui est du deuxième point, ne pas fatiguer son cerveau, je t'encourage d'ailleurs à faire quelque chose qui peut paraître légèrement contre-intuitif : ne vérifie pas chaque ligne de calcul. Laisse couler. Si tu passes à côté d'un signe moins ou que tu oublies un terme, ce n'est pas très grave. La prochaine étape s'assurera que cette erreur soit mise en lumière rapidement.

Voilà pour ce qui est de la partie "pratique", qui peut paraître très simple (et qui l'est d'ailleurs) mais qu'il est facile de mal faire en oubliant un des deux (ou les deux) points importants mentionnés ci-dessus.

Alors, qu'est-ce que ça donne si on reprend la chute ?

**Exercice 2** (La chute (suite)) :

Quelle est la vitesse limite de la chute si on considère le sol comme suffisamment lointain pour qu'elle puisse être atteinte ?

$$M\vec{a} = M\vec{G} - f\vec{v}$$

$$\vec{0} = M\vec{G} - f\vec{v}_{lim}$$

$$\vec{v}_{lim} = \frac{M}{f}\vec{G}$$

**Exercice 2** (La chute (suite)) :

Le corps de masse M tombe d'une hauteur h sans vitesse initiale, calculer l'instant $t_c$ de la collision avec le sol.

Alors ici, je te préviens, les calculs sont un peu longs, et je ne t'en voudrai pas s'il te prend l'envie de les sauter (enfin peut-être un peu). Néanmoins, ce qui peut être intéressant, c'est que tu prennes au moins le temps de regarder à quel point je ne prends aucun risque pour passer d'une ligne à l'autre.

$$M\vec{a} = M\vec{G} - f\vec{v}$$

$$M\frac{d\vec{v}}{dt} = M\vec{G} - f\vec{v}$$

$$\frac{d\vec{v}}{dt} + \frac{f}{M}\vec{v} = \vec{G}$$

On pose $\tau = \frac{M}{f}$

On peut alors écrire :

$$\frac{d\vec{v}}{dt} + \frac{1}{\tau}\vec{v} = \vec{G}$$

Solution de l'équation homogène :

$$\vec{v}_h = \vec{\lambda}e^{-t/\tau}, \text{ avec } \vec{\lambda} \text{ une constante}$$

Solution de l'équation particulière :

$$\vec{v}_p = \tau\vec{G} = \frac{M}{f}\vec{G} = \vec{v}_{lim}$$

Donc $\vec{v} = \vec{v}_p + \vec{v}_h = \vec{\lambda}e^{-t/\tau} + \vec{v}_{lim}$

Conditions aux limites : $\vec{v}(t = 0) = \vec{0}$

donc $\vec{\lambda}e^{-0/\tau} + \vec{v}_{lim} = \vec{0}$

soit $\vec{\lambda} + \vec{v}_{lim} = \vec{0}$

d'où $\vec{\lambda} = -\vec{v}_{lim}$

Ainsi, on a :

$$\boxed{\vec{v}(t) = \vec{v}_{lim}\left(1 - e^{-t/\tau}\right)}$$

En projetant la vitesse sur l'axe vertical, on en déduit la position au cours du temps par intégration :

$$\vec{v}(t) \cdot \vec{e}_z = \vec{v}_{lim} \cdot \vec{e}_z \left(1 - e^{-t/\tau}\right)$$

$$\frac{dz}{dt}(t) = -v_{lim}\left(1 - e^{-t/\tau}\right), \text{ avec } v_{lim} = \|\vec{v}_{lim}\|$$

$$\int_0^t \frac{dz}{dt}(t')dt' = -\int_0^t v_{lim}\left(1 - e^{-t'/\tau}\right)dt'$$

$$z(t) - z(t = 0) = \int_0^t v_{lim}\left(1 - e^{-t'/\tau}\right)dt'$$

$$z(t) = h - v_{lim}\left(\int_0^t 1 dt' - \int_0^t e^{-t'/\tau}dt'\right)$$

$$z(t) = h - v_{lim}\left(t - [-\tau e^{-t'/\tau}]_0^t\right)$$

$$z(t) = h - v_{lim}\left(t + \tau\left(e^{-t/\tau} - 1\right)\right)$$

$$\boxed{z(t) = h - v_{lim}\left(t - \tau\left(1 - e^{-t/\tau}\right)\right)}$$

Tu vois l'idée? On y va tranquillement... Ça paraît long à regarder, mais c'est certainement ce qu'il y a de moins long à faire puisque le passage d'une ligne à l'autre demande autant de pouvoir intellectuel qu'en a un brocoli. En plus, ça permet de s'éviter des situations désagréables : par exemple lors de l'intégration de $v(t)$ pour arriver à $z(t)$, si je n'avais pas pris le temps d'écrire les bornes d'intégration et de séparer l'intégrale en deux, je mets ma main à couper que je serais tombé sur le

résultat suivant :
$$z(t) = h - v_{\lim}\left(t + \tau e^{-t/\tau}\right)$$
Ce dernier résultat est faux, mais va démêler ça...

Bon, on y est presque, on nous demandait l'instant de colli-sion.

> **Remarque :** *Si à ce moment là du problème tu en as marre,*
> *ne t'inquiète pas c'est normal, n'importe qui en aurait marre.*
> *Une astuce possible est de te rappeler que le problème s'attache*
> *à savoir combien de temps tu auras pour apprécier le paysage*
> *le jour où tu seras en train de tomber de la tour Eiffel, et la*
> *réponse t'importe, pas vrai ? Une autre astuce est de te dire que*
> *tu auras probablement terminé bientôt, et que tu auras bien*
> *vite oublié tes peines, heureux d'avoir un résultat correct. Une*
> *autre encore, est de te rappeler que si tu ne finis pas ce calcul,*
> *tu auras une sale note.*

Si on note l'instant de collision $t_c$, elle doit vérifier l'équation :

$$z(t_c) = 0$$

Soit

$$0 = h - v_{\lim}\left(t_c - \tau\left(1 - e^{-t_c/\tau}\right)\right)$$

Là, on arrive à quelque chose qui est relativement courant : une équation qu'on est bien incapable de résoudre à la main. Il ne faut pas trop s'inquiéter, en physique nous ne sommes pas là pour démontrer notre capacité à faire des prouesses en mathématiques. Au lieu de ça, ce qu'on fait quand on est physicien, ce sont des approximations qui nous paraissent à peu près logiques. C'est souvent assez systématique d'ailleurs, lorsqu'on a deux termes, et que ce serait plus simple si on en avait un seul, on va négliger l'un des deux. C'est tout simple, regarde :

Aux temps courts ( $t_c \ll \tau$ ), on peut écrire, avec un développement de Taylor au premier ordre $e^{-t_c/\tau} \sim 1-t_c/\tau$, donc l'équation précédente devient :

$$v_{lim} \left( t_c - \tau \left( 1 - (1-t_c/\tau) \right) \right) = h$$

soit :
$$v_{lim} \left( t_c - \tau (t_c/\tau) \right) = h$$

$$v_{lim}(t_c - t_c) = h$$

Et là on se dit : *"OH NON ! Qu'est-ce que j'ai foutu ???!"* On ne panique pas, on monte à l'ordre deux et tout se passera bien.

Aux temps courts ( $t_c \ll \tau$ ), on peut écrire, au second ordre :

$$e^{-(f/M)t_c} \sim 1 - \frac{t_c}{\tau} + \frac{1}{2}\left(\frac{t_c}{\tau}\right)^2$$

l'équation précédente devient donc :

$$v_{lim} \left( t_c - \tau \left( 1 - \left( 1 - \frac{t_c}{\tau} + \frac{1}{2}\left(\frac{t_c}{\tau}\right)^2 \right) \right) \right) = h$$

soit :

$$v_{lim} \left( t_c - \tau \left( \frac{t_c}{\tau} - \frac{1}{2}\left(\frac{t_c}{\tau}\right)^2 \right) \right) = h$$

$$v_{lim} \left( \frac{1}{2}\frac{t_c^2}{\tau} \right) = h$$

$$\frac{Mg}{f}\frac{1}{2}\frac{t_c^2}{\frac{M}{f}} = h$$

soit :

$$gt_c^2 = 2h$$

et donc :

$$t_c = \sqrt{2\frac{h}{G}}$$

<u>Aux temps longs</u> ( $t_c \gg \tau$ ), $e^{-t_c/\tau}$ est négligeable devant 1, et $v_{lim}\tau$ est négligeable devant $v_{lim}t_c$, donc l'équation devient :

$$v_{lim}t_c = h$$

et donc :

$$t_c = \frac{h}{v_{lim}}$$

ou, si on préfère :

$$t_c = \frac{fh}{MG}$$

Et voilà. Fin de l'histoire, tranquillement, sans paniquer.

### 2.3.2 **Devenir voyant**

Tu peux essayer ces deux points (cerveau au repos et feuille facile à inspecter) sur l'exercice classique suivant : **le pendule**.

---

**Exercice 5 :**

> Quelle est la fréquence d'oscillation d'un pendule constitué d'une masse $M$ attachée à l'extrémité d'un fil de masse négligeable dans le champ de pesanteur terrestre ? On ne s'intéressera qu'aux oscillations aux petits angles.

Pour que tu n'aies à te concentrer que sur les calculs, j'ai fait le début de l'exercice pour toi et il ne devrait plus te rester qu'à tourner la manivelle.

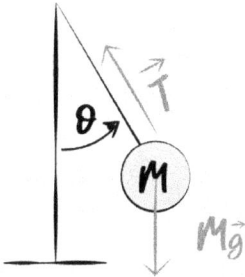

Système : { Masse M }
Référentiel : La pièce dans laquelle tu te trouves, Galiléenne
Bilan des forces :
- poids : $M\vec{G}$
- tension dans le fil : $\vec{T}$

Principe fondamental de la dynamique : $M\vec{a} = M\vec{G} + \vec{T}$
Définitions de la position $\vec{r}$ et de l'accélération $\vec{a}$ de la masse M : $\vec{r} = L\vec{e}_r$, $\vec{a} = \frac{d^2}{dt^2}\vec{r}$
On cherche f la fréquence d'oscillation du pendule.

f n'apparaît pas, pour le moment. Donc il faudra espérer qu'une fonction périodique passe par là

Voilà tout est prêt, on se retrouve dans 10 minutes ?

As-tu trouvé la fréquence du pendule ?
Alors, maintenant, je voudrais te proposer un truc qui n'a plus grand chose à voir avec le calcul à proprement parler, mais que je trouve absolument fascinant : devenir voyant, ou être capable de prévoir l'avenir.

Pour tenter de te convaincre d'essayer, je vais t'expliquer comment, moi, après presque dix ans d'études supérieures de physique, j'en suis arrivé à faire une expérience simplissime et comment elle a eu l'effet d'une petite révolution dans mon appréciation de cette manière de décrire le monde.

Le fait est qu'il m'arrivait de temps en temps, et peut-être qu'à toi aussi, ça te traverse l'esprit, de douter de la physique ou des sciences en général. Je me disais, tout en suspectant l'absurdité de mes pensées, que dans le fond les sciences universitaires n'étaient pas si éloignées que ça d'une secte bien organisée. En effet, on est en quelque sorte initié, d'année en année, à un niveau supérieur où l'on a accès à de plus en plus de savoir. Après quelques années, on obtient même le droit de partager ce savoir. Cependant, qu'est-ce qui me prouve que ce que j'apprends est "vrai"? Pire, comment est-ce que je sais que je ne suis pas en train de participer à une gigantesque mascarade en transmettant des savoirs que je ne sais pas fondés ?

Un jour, sur le chemin d'un cours particulier de mécanique du point, j'ai trouvé un fil par terre. Mon étudiante de l'époque était souvent plus motivée que moi pour aller au bout des choses et était une grande source d'inspiration. Je savais que si j'allais la voir avec un questionnement ou un calcul qui m'intéressait, avec mes connaissances et sa volonté, on pourrait aller au bout des choses. Ce jour là, je lui ai donc proposé d'aller un peu à revers de ce qui est usuel en TP de physique. Au lieu de vérifier qu'une explication théorique "colle" au résultat expérimental, nous allions prédire quelque chose, déterminer exactement ce qui *allait* se passer, et ensuite seulement, faire l'expérience.

Le caractère improvisé et "à l'arrache" de cette petite aventure, ainsi que son résultat, sont à ce jour la preuve qui m'est la plus chère de la validité de la démarche scientifique [13].

Ce que je te propose de faire, dans les quelques pages qui viennent, c'est de retracer ensemble cette petite révélation et te convaincre, peut-être, que la physique est "réelle".
**Temps estimé : 8 min**

Si tu pouvais trouver une ficelle (lacet de chaussure ?) et une masse quelconque et fabriquer un pendule, ce serait parfait. Fais-moi confiance, c'est cool comme expérience. Pour la masse $M$ en question, tout ce qui te passe par la main devrait faire l'affaire si tu es bon pour faire des nœuds. Comme je n'ai pas de talent particulier dans le domaine, j'ai trouvé qu'une tasse à café (vide) était particulièrement pratique à utiliser.

Donc, maintenant que tu as ton pendule, et que ton smartphone est probablement dans le coin (tu ne me feras pas croire le contraire [14]...), tu peux faire l'expérience suivante :

**Prévoir**, à l'aide de ta formule pour $f$ ($f = \frac{1}{2\pi}\sqrt{\frac{g}{L}}$, on est d'accord ?), le temps que ton pendule va mettre pour faire 10

---

13. Il y en a d'autres évidemment, ton téléphone fonctionne et les avions volent, ce qui ne peut pas franchement être le fruit du hasard. Ceci dit, l'expérience directe a un impact plus fort, je crois.

14. Pourtant qu'est-ce qu'on avait dit ? Pas de portable à moins de cinq mètres quand on travaille !

oscillations après que tu l'aies lâché avec un angle raisonnable (pas 90°), avec $L$ la longueur de ton pendule (distance du point d'attache au centre de gravité).

$$10 \times T_{calcul} = \ldots$$

Pour être plus précis, on peut aussi estimer l'incertitude de ta prédiction. Si tu veux le faire proprement, ton incertitude sera de $\Delta T_{calcul} = T_{calcul} \times \frac{1}{2}\frac{\Delta L}{L}$ où le facteur $\frac{1}{2}$ vient de la racine carrée.

Comme tu connais mal la position du centre de gravité de la masse utilisée, on peut dire $\Delta L = 1cm$? Si tu te sens de faire quelque chose de plus précis et adapté à ta situation, fais!

Maintenant, tu peux également estimer l'incertitude de la mesure que tu vas effectuer, qui correspond à l'imprécision qu'il y a à appuyer sur le bouton du chronomètre avec un doigt qui n'est pas parfaitement rigide, un smartphone imparfait et une estimation visuelle du temps de fin de l'expérience approximative. On peut être relativement conservateurs et dire $\Delta(10 \times T_{mesure}) = \pm 1,5s$.

On arrive au moment cool :

$$10 \times T_{calcul} = \ldots \pm \ldots$$
$$10 \times T_{mesure} = \ldots \pm 1,5s$$

Je te laisse faire la mesure? Attention, il est important que tu fasses le calcul AVANT de la faire.

Je t'attends !

Boooom! Ça a marché, pas vrai? Ça a marché!

Te sentais-tu (au moins un peu?) concerné par le résultat? Comme un parieur à une course de chevaux? Le cœur qui bat un tout petit peu plus vite, la petite voix dans ta tête qui dit *"Allez, allez!"*, les yeux qui comparent sans cesse la mesure en cours avec la prédiction parce qu'ils veulent connaître le résultat avant même la fin de l'expérience, le cerveau qui veut que ça marche? Un petit peu?

Et bim, ça a marché.

N'est-ce pas absolument incroyable?!

Qu'est-ce que la tasse à café (ou quoi que ce soit d'autre que tu as utilisé), la ficelle, la force de gravité, ton smartphone, *etc*, qu'est-ce qu'ils en avaient à faire que ça marche?

Et puis quel est le rapport entre eux et le bout de papier sur lequel tu as griffonné des équations pour arriver au résultat $T_{\text{calcul}}$? Le rapport entre eux et ton stylo? Le rapport entre eux et ton cerveau?

En d'autres termes, ce qui est absolument fascinant, c'est que ta ficelle et ta masse n'en ont rien à faire de ta feuille de papier et de ton stylo, mais alors rien! Pourtant, elles leur ont obéi. Ou du moins, tout semble avoir obéi à la même chose, les lois physiques, ce qui prouve bien que les équations ne sont pas si abstraites et qu'elles servent à expliquer le monde qui t'entoure.

C'est là l'utilité majeure de la physique : prédire. Répondre à la question : "Que va-t-il se passer si...?"

On ne peut pas tout faire évidemment. Il y a beaucoup de "si" auxquels les physiciens ne sont pas encore capables de répondre, et ne le seront peut-être jamais. Le simple fait qu'on puisse y répondre pour tout un tas de choses est un vrai mystère, absolument étrange et fascinant. Et qui ouvre une infinité de possibilités.

Comme si la nature savait ce qu'était un cosinus, un signe plus, comme si la nature savait... Comme si les hommes et leurs stylos pouvaient la comprendre, et parfois la contrôler...

R! The Unreasonable Effectiveness of Mathematics in the Natural Sciences - EP. Wigner, 1960
*Je vais être honnête, je suis surtout fan du titre. Je n'ai jamais réussi à lire l'article en entier par contre, peut-être feras-tu mieux.*

## 2.4 Vérifier les résultats

Tiens, puisque tu as encore un peu d'énergie tu peux utiliser toutes les étapes précédentes (*Imaginer, écrire les équations, faire les calculs*) pour résoudre l'exercice suivant [15] :

**Exercice 6** (Conduite d'eau) :

> Une conduite transporte de l'eau d'un point A situé en haut d'une falaise à un point B en contrebas. On note respectivement $h_A$, $P_A$ et $v_A$ la hauteur, la pression et la vitesse du fluide en A, et $h_B$, $P_B$ et $v_B$ la hauteur, la pression et la vitesse du fluide en B, $g$ l'accélération de la pesanteur et $\rho$ la masse volumique de l'eau. On considère que le fluide est parfait et en écoulement stationnaire, incompressible et homogène.
>
> Exprimer $v_B$ en fonction de $h_A$, $h_B$, $P_A$, $P_B$, $v_A$, $g$ et $\rho$

### 2.4.1 J'ai fini, j'arrête

Et là, tu trouves le résultat et tu te dis : "*Boum, j'ai fini*". On passe à la suite. (Comme un autre exercice, ou une session ca-

---

15. C'est très facile ne t'inquiète pas. Si tu connais le théorème de Bernoulli. Sinon tu peux aller à la page 136 et recopier la formule, et si tu as vraiment la flemme, tant pis, tu peux passer directement au prochain paragraphe, et tu trouveras la réponse à la page suivante

napé bien méritée ?) Es-tu coupable d'avoir déjà fait ça ? Peut-
être pas sur cet exercice en particulier, mais en général ?

C'est l'erreur stratégique la plus courante lorsqu'on résout
un exercice. Et je ne vais pas te mentir : je continue de plaider
coupable de temps à autres mais ce n'est pas bien.

Sauf que voilà, à partir de maintenant, lorsque tu finiras un
exercice, et que tu auras plus ou moins péniblement obtenu
une jolie formule, essaie de lui montrer un peu d'attention et
d'amour, la pauvre. Tu viens de passer entre 2 et 30 minutes à la
trouver, elle mérite au moins que tu la soulignes, mais surtout
que tu la regardes. Essayons avec celle que tu viens de trouver.
Reste avec elle quelques instants, imprègne-t'en.

### 2.4.2  Vérifier ses résultats, le point de vue du professeur

Faisons une analogie à la con :

[texte vérifié] C'est très proche de relire ses sms quand tu es
bourré. Tu pourrais ne pas le faire mais tu n'as aucune garantie
de ce que ça va donner pour la personne qui le reçoit.

[text non vérifié] Faiqons une expérience. Puisyqie je suos
c8rrenrement bourré, ce aui d'aillzure m'as f18tbpenseé à écrire
ce pzrag41pge

Quand ue ne cprrogz ri2n, c"Œ@_ tres desagreable à mire.

Bah vpila. 3n toute toutebeuverie sincérité, l'effet que ça fait
de lire lz travail d'un étudiant qui ne peend pas le y3m0z de
veggie3 verro33mn verrier vérifier ses résultats. Tout.en espe-
teant que ... tu sais. Ça va le faire quoi...

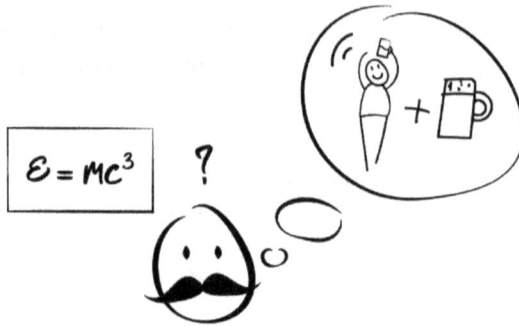

[texte vérifié] As-tu compris ce que je disais ?
Sache que c'est exactement l'effet que ça fait quand un prof essaie de corriger une copie d'étudiant qui n'a pas pris le temps de se relire : tu avais l'impression de suivre jusqu'à un certain point puis après... Wooow. Ok. Heu. OK.

Convaincu ? Alors procédons à la vérification, par étapes successives.

### 2.4.3  **Homogénéité**

D'abord, il s'agit de vérifier que l'équation est homogène, c'est à dire qu'on a bien quelque chose du genre :

- une vitesse = une vitesse
- une tension électrique = une tension électrique
et non pas
- une vitesse = une distance
- une tension électrique = une énergie

Toi d'abord !

**Exercice 7** (Homogénéité) :

Ces équations sont-elles homogènes ?

$$E = mc^2$$

où $E$ est une énergie, $m$ un masse, et $c$ une vitesse

$$v = \sqrt{\frac{T}{\rho}}$$

avec $v$ une vitesse, $T$ une force, $\rho$ une masse volumique

$$PS = F$$

avec $P$ une pression, $S$ une surface, $F$ une force

$$\rho g h = P$$

avec $g$ est l'accélération de la pesanteur, $h$ une hauteur

$$P = P_0 + \frac{mgh}{S}$$

$$PV^\gamma = TV^{\gamma-1}$$

$V$ un volume, $\gamma$ est sans unité, $T$ une température

$$v(t) = d(t) - \int_0^t mg\,\mathrm{d}t$$

avec $d(t)$ une distance, $\mathrm{d}t$ un temps

Si tu as fait l'exercice précédent, tu as sûrement pu constater que, parfois, il suffit d'une seconde pour voir le problème avec une formule, et qu'il n'y a pas besoin d'écrire quoi que ce soit pour s'en apercevoir. Laisser passer ce genre d'erreur est un crime, une hérésie [16], que beaucoup, beaucoup trop d'étudiants font. Mais plus toi ! Cela déchire le cœur des professeurs qui lisent les copies. Et puis surtout, c'est vraiment dommage, non ? Quand tu viens de passer 20 minutes à te débattre avec des calculs compliqués, et que tu as fait une toute petite erreur toute bête et facilement identifiable mais que tu la laisses passer faute

---

16. THIS IS SPAA Chut chut chut ça suffit...

d'avoir observé ton résultat plus de six secondes... $v = ht$ hein ?
Tu ne feras plus ça, promis ?

Cependant, parfois, vérifier l'homogénéité peut s'avérer
vraiment difficile, par exemple quand la formule est bourrée de
constantes aux unités tordues qu'on ne connaît pas forcément
($[G]$, $[\epsilon_0]$, $[\mu_0]$ ?).

Si tu es chez toi, au calme, ça vaut le coup de passer
du temps à y réfléchir, à retrouver les unités, *etc.* Si tu es
en devoir, il vaut mieux sauter cette étape (à moins qu'on
te la demande explicitement) et jeter un bon coup d'œil à tes
calculs pour vérifier que tu n'as pas fait de connerie évidente [17].

Admettons que tu veuilles vérifier que la formule suivante
est juste :

$$v_L = \sqrt{\frac{2GM_T}{R_T}}$$

Avec $v_L$ la vitesse de libération [18], $G$ la constante de gravitation universelle, $M_T$ et $R_T$ la masse et le rayon de la Terre.

Si tu es chez toi, donc, une bonne stratégie pour retrouver
l'unité d'une constante est d'écrire n'importe quelle équation
que tu connais et dont tu es certain contenant cette constante.
La plus simple sera la meilleure.

Par exemple : $\vec{F} = -G\frac{m_1 m_2}{d^2}\vec{e}_r$

Puisque cette équation est "vraie", les unités sont également
bonnes à l'intérieur, donc on peut l'utiliser pour chercher l'unité

---

17. Et là tu remercieras le ciel d'avoir décidé de faire tes calculs calmement
et proprement !
18. C'est la vitesse qu'un objet doit atteindre pour se libérer de l'attraction
d'un astre. Là n'est pas la question pour le moment, on veut juste jouer avec
les unités.

de $G$.

$$[G] = \frac{[F][d^2]}{[m_1][m_2]}$$

Et là tu te dis (peut-être) *"Euuuh. [F]? C'est en Newton, ok, mais c'est quoi un Newton ?"*

Pas de panique, tu connais très bien une autre équation avec F : $\vec{F} = m\vec{a}$

Donc $[F] = [m][a]$
$[F] = M.L.T^{-2}$
ce qui donne
$[G] = \frac{(M.L.T^{-2}).L^2}{M.M}$
Soit
$[G] = L^3.T^{-2}.M^{-1}$

Très bien, on peut maintenant retourner à la vérification de notre formule

$[v] = \sqrt{\frac{[G][M_T]}{[R_T]}}$

$[v] = \sqrt{\frac{L^3.T^{-2}.M^{-1}.M}{L}}$

$[v] = \sqrt{L^2.T^{-2}}$

$[v] = L.T^{-1}$

On a donc : une vitesse = une vitesse, et ça, c'est bien !

Si on reprend notre bonne vieille chute.

**Exercice 2** (La chute (suite)) :

Vérifier l'homogénéité des formules suivantes :

$$v_{\lim} = \frac{Mg}{f}$$

$$\tau = \frac{M}{f}$$

Ici le terme dont on connaît mal l'unité directement est $f$, donc on va commencer par régler ce problème :

$$[F_f] = [-fv]$$

donc $[f] = \frac{[F]}{[v]}$

On a aussi :

$$[F_G] = [Mg]$$

donc $[\frac{Mg}{f}] = \frac{[F]}{[f]} = \frac{[F]}{[F]/[v]} = [v]$

soit $\boxed{[v_{\lim}] = v}$

Jetons maintenant un œil à $\tau$ :

$$[(M/f)] = \frac{M}{[F]/[v]} = \frac{[v]}{[a]} = \frac{L.T^{-1}}{L.T^{-2}}$$

soit $\boxed{[\tau] = [T]}$

L'équation est donc bien homogène.

Revenons à l'exercice 6 sur la conduite d'eau, normalement, tu as dû te retrouver avec :

$$v_B = \sqrt{v_A^2 + 2G(z_A - z_B) + 2\frac{P_A - P_B}{\rho}}$$

Peux-tu en vérifier rapidement l'homogénéité ?

### 2.4.4 **Tout va dans le bon sens ?**

Là c'est un tout petit peu moins évident mais Ô combien important (et gratifiant !) [19] : vérifier que l'équation à laquelle on aboutit est "logique".

Reprenons, encore et toujours, notre bonne vieille chute. Pour rappel nous sommes arrivés à :

$$v_{lim}\left(t_c - \tau\left(1 - e^{-t_c/\tau}\right)\right) = h$$

$$\text{Soit :} \quad \boxed{t_c = \sqrt{\frac{2h}{G}}} \text{ si la chute est courte} \quad \boxed{t_c = \frac{fh}{MG}} \text{ si la chute est longue}$$

D'abord, on peut remarquer que lorsque la chute est courte $t_c = \sqrt{\frac{2h}{g}}$ est la solution que l'on trouverait pour une chute libre sans frottement, ce qui est logique puisque la masse $M$ n'a pas encore eu le temps de prendre suffisamment de vitesse pour que les frottements jouent un rôle. Cette équation de chute libre est aussi logique à première vue : plus la hauteur $h$ est grande, plus la durée avant de toucher le sol sera longue, et plus l'accélération de la pesanteur $g$ est grande plus la durée sera courte (sur la lune par exemple, tu tomberais moins vite). Logique.

---

19. C'est aussi bien pratique quand vérifier l'homogénéité est compliqué faute de constantes tordues.

Pour la chute longue, on voit que c'est la même chose, sauf que cette fois il y a des termes en plus qui correspondent aux frottements : pour une chute longue la vitesse finit par être suffisamment grande pour que les frottements dominent. Et on voit que plus il y a de frottements (plus $f$ est grand) plus la durée avant de toucher le sol sera grande. Et plus la masse $M$ est grande moins ces frottements auront un effet sur la chute. Logique.

Depuis que j'ai découvert qu'on pouvait faire ça avec des équations, c'est ma partie préférée lorsque je fais un exercice. La partie où on peut vraiment sentir la physique, se convaincre qu'on a juste et qu'on a compris, et se rendre compte qu'on a prédit quelque chose.

Prenons les choses dans l'ordre :

### 1. Se convaincre qu'on a juste

C'est presque de la triche, parce qu'une fois cette étape bien faite, on "sait" qu'on a bon. Pas besoin de vérifier ses calculs. Pas besoin d'aller regarder le corrigé. C'est important parce qu'il est essentiel de se détacher au plus possible des corrigés, de ne pas en être dépendant. Il n'y a pas grand chose de plus efficace pour se vider le cerveau [20] que de demander à un prof, à un livre ou à un polycopié : *"Est-ce que j'ai bon ?"* Quand tu fais ça, tu deviens un zombie. Et je suis sûr que quelque part, dans le fond de ton être, tu sais exactement de quoi je parle.

Et puis, c'est également bien pratique, parce qu'une fois qu'on a confiance en notre formule, on peut continuer à l'utiliser. Sans épuiser la moitié de ses capacités cognitives à se dire : *"Mouais, de toute façon, c'est probablement n'importe quoi depuis deux pages, donc ça ne sert pas à grand chose de m'appliquer, puisque j'aurais probablement faux".*

---

20. J'utilise "se vider le cerveau" de manière péjorative ici mais ce n'est pas toujours le cas : jouer à la Playstation ça vide aussi le cerveau mais c'est bien.

## 2. Sentir la physique

Conneries ésotériques, le retour !
Quand tu joues mentalement avec une équation de cette façon,
c'est là que tu développes ton "sens physique", que tu ressens
le rapport entre les équations sur ta feuille de papier, les trop
nombreuses heures de cours de physique que tu passes à ne
pas faire autre chose, et le monde réel, dans lequel toi, et moi, et
tes parents, et mon chat, vivons.

## 3. Bonus délicieusement désagréable

$t_c = \sqrt{\frac{2h}{g}}$. Logique. Logique ? Comment, ça ne dépend pas
de la masse ? Un objet plus lourd ne tombe pas plus vite qu'un
objet léger [21] ? Sérieux ?

Ah mais si si si c'est logique, c'est parce que lorsqu'on écrit
$m\vec{a} = m\vec{g}$ le $m$ se simplifie. C'est la bonne vieille expérience de la
tour de Pise que Galilée n'a probablement jamais faite. Logique.
Logique ?

Le $m$ à gauche du signe égal représente l'inertie du corps que
tu étudies. C'est à dire la difficulté qu'a une force à le déplacer.
Peut-être qu'on peut le noter $m_i$ tiens, pour masse inerte.
Le $m$ à droite du signe égal représente sa propension à être attiré
gravitationnellement par la Terre (ou par n'importe quel corps
massif à proximité). Notons le $m_g$ tiens, comme masse grave.
Simplifier $m$, ça revient à dire $m_i = m_g$. Sérieux ?

---

21. Si, dans le cas d'une chute "longue", où les frottements ont le temps
d'avoir un rôle. Notre intuition sur les vitesses de chute d'objets de masses
différentes nous vient donc des frottements de l'air. Mais là je parle d'une
chute "courte", qu'on peut obtenir si $t_c \ll \tau$, c'est-à-dire $t_c \ll M/f$, ce qu'on
peut faciliter en faisant des expériences courtes, en prenant des objets relativement lourds, ou en faisant le vide dans le milieu dans lequel on observe
la chute. Admettons pour cette discussion que nous soyons donc dans le cas
d'une chute courte.

Ce genre de petit désagrément est une des choses qui fait le sel de la physique. Il est de bon ton de ne pas t'enfuir devant ce genre de difficultés. De les noter quelque part dans un coin de ton cerveau. Un jour, peut-être, tu comprendras d'où elles sortent et tu seras, crois-moi, très satisfait.

### C'est ton tour

Reprenons la vitesse que tu avais trouvé plus haut.

$$v_B = \sqrt{v_A^2 + 2G(z_A - z_B) + 2\frac{P_A - P_B}{\rho}}$$

Peux-tu te convaincre qu'elle est logique ?

### 2.4.5  La valeur numérique est-elle raisonnable ?

Exercice 2 :

On suppose qu'on lâche un (gros) chat de 5,0 kg d'une hauteur de 1,0 m. Le coefficient de frottement du chat avec l'air est estimé à $f = 6,8 \cdot 10^{-5}$ N.s/m.
1. En supposant la chute "courte", estimer la durée de la chute.
2. L'hypothèse de chute courte est-elle raisonnable ?

$$1.\ t_c = \sqrt{\frac{2h}{G}}$$
$$\boxed{t_c = 0,45s}$$
$$2.\ t_c \times f/M = 6 \cdot 10^{-6} \ll 1$$

Une chute de $0,45$s paraît-elle être un résultat raisonnable ? Oui. C'est ce que l'intuition nous dicte. Évidemment, un résultat entre $0,1$s et $2$s n'aurait pas été choquant. En revanche, un résultat de $1 \cdot 10^{-5}$s ou même de $15$s l'aurait été.

Je suppose que cela te paraît évident. Sauf que la seule raison pour laquelle c'est évident, c'est parce qu'en l'écrivant, je t'ai forcé à y réfléchir l'espace d'une seconde. Et c'est entièrement suffisant. Si tu n'y avais **pas** réfléchis, le résultat aurait pu être de $2 \cdot 10^5$ secondes et tu ne l'aurais pas remarqué.

N'oublie jamais d'investir cette précieuse seconde qui peut faire la différence entre te couvrir de ridicule et te rappeler que la physique parle d'un monde dont tu as l'intuition. C'est la raison pour laquelle les exercices ont un contexte[22]. On ne te demande pas seulement d'écrire des équations mais de les appliquer au monde.

Dans le cas où tu n'as pas d'intuition sur les valeurs numériques de ce que tu calcules, ce qui peut arriver lorsque tu étudies des situations inusuelles, réfléchir une seconde (ou dans ce cas, une dizaine), est une opportunité en or d'apprendre quelque chose.

Par exemple, je viens d'apprendre quelque chose, en écrivant ce paragraphe : la valeur $t_c \times f/M = 6 \cdot 10^{-6} \ll 1$ m'a paru extrêmement faible. Elle répond pourtant bien à l'exercice en montrant que l'hypothèse de chute courte est valable, puisque $t_c \times f/M$ est inférieur à 1. Mais la différence extrême entre $6 \cdot 10^{-6}$ et 1 m'a semblé un peu étrange. En effet, il semblerait qu'une chute de quelques centaines de milliers de secondes, c'est-à-dire de quelques jours serait toujours une chute "courte". Absurde, non ? Il ne faut pas des jours à un chat pour tomber et atteindre le sol, même du haut de l'atmosphère. Donc toute chute de chat sur Terre serait une chute courte ? Ce qui impliquerait qu'un chat qui tombe ne subit jamais de force de frottement. J'ai donc fouillé un peu et découvert que la loi de frottement fluide $F_f = -f\vec{v}$ que j'ai utilisé dans cet exercice n'est en fait valable que pour des vitesses inférieures à 5 m/s dans l'air. Pour des vitesses supérieures, et jusqu'à 20 m/s, elle de-

---

22. Enfin, souvent. Parfois ils sont débiles, le but étant simplement de créer des automatismes de calculs par la répétition.

vient $F_f = -\mu v^2$, et ça devient plus compliqué encore pour des vitesses supérieures à 20 m/s. L'exercice présenté fonctionne, puisque la vitesse maximale atteinte par le chat dans cet exercice est de $gt = 4,4$ m/s, ce qui valide l'expression de la force de frottement[23]. Et au passage j'ai appris quelque chose[24], ce qui ne se serait jamais produit si je n'avais pas passé quelques secondes à réfléchir à la valeur numérique obtenue.

### 2.4.6  Et alors ?

Cette dernière étape de la vérification, contrairement aux trois autres (homogénéité, formule logique, valeur numérique raisonnable), n'est pas nécessaire en examen, à moins que tout soit déjà en train de très bien se passer. C'est plutôt quelque chose à faire quand tu as le temps, chez toi ou en TD.

**Finalement, cette formule, qu'est-ce que tu en penses ?**

*"Moi, perso, je m'en fous mais alors complètement."* Je sais, je sais, je pense souvent la même chose mais faisons un effort.

Se demander ce qu'on pense du résultat à la fin d'un exercice est un outil extrêmement précieux. Cette étape est évidemment importante pour ceux qui s'intéressent déjà à la physique. Elle me semble aussi fondamentale pour ceux qui ne s'y intéressent pas encore et aimeraient s'y intéresser ou y progresser, mais n'y trouvent pour le moment pas beaucoup de joie. Elle est très liée à l'étape précédente, où l'on se demande si le résultat est logique mais va un peu plus loin.

C'est une habitude qu'on est obligé de prendre quand on se met à enseigner, parce qu'on essaie d'intéresser nos étudiants (si si, je te jure !). Cette fameuse question rend toute la physique

---

23. Par contre, déception, si tu veux savoir le temps de chute depuis le haut de la tour Eiffel, je crois qu'il va falloir utiliser un ordinateur, et passer d'une expression de la force de frottement à l'autre selon ta vitesse...

24. Ou du moins, j'ai pris conscience de l'importance de quelque chose que j'avais vaguement vu en cours d'hydrodynamique il y a des années.

plus fascinante, à tel point qu'on se demande pourquoi on ne se la posait pas avant, et comment on a pu survivre à tant d'années d'études en se privant de ce plaisir simple.

Il s'agit de regarder une équation droit dans le signe égal et de lui demander : **"Et... alors ?"** [25]

Te permet-elle de connaître une information qu'il serait extrêmement difficile de connaître ou de mesurer sans son aide ?

---

**Exemple - la définition cinétique de la température d'un gaz :**

$$\frac{1}{2}mv^2 = \frac{3}{2}k_B T$$

---

Qui te permet de calculer la vitesse (quadratique moyenne) des particules dans l'air par exemple, avec un simple thermomètre. Puissant, non ?

Et que serait-elle capable de nous aider à prévoir qui serait bien pratique dans le cas d'une expérience ? Ou quelle décision industrielle permettrait-elle de prendre ?

---

**Exemple - la loi de Laplace :**

$$T^\gamma P^{\gamma-1} = Cte$$

---

Qui te permet de déterminer qu'il faut mettre un système de climatisation dans les avions, et certainement pas un chauffage, même s'il fait $-60°$ C dehors, car $\gamma = 1,4$ et la pression extérieure est d'environ 200 hPa.

---

25. Se poser la question "*Et alors ?*" après avoir obtenu un résultat est également ce que chaque chercheur dans tout domaine est amené à faire lorsqu'il rédige un article. À plus forte raison lorsqu'il demande de l'argent pour faire des manips ou payer un étudiant pour les faire.

Ou, plus bête mais aussi plus accessible et tout aussi fascinant : m'est-il possible d'observer les effets de cette équation dans le monde réel ?

---

**Exemple - la fréquence d'oscillation d'un pendule :**

$$f = \frac{1}{2\pi}\sqrt{\frac{g}{L}}$$

---

Qui t'explique pourquoi les gens très grands ont une démarche qui paraît lente alors que les personnes plus petites ont souvent l'air pressé.

Il est difficile de trouver une réponse intéressante à chacune de ces questions pour une seule et même équation. Il est également difficile de trouver soi-même ces réponses. Cela reste une quête fascinante et, si tu l'entreprends, même si tu ne trouves pas la réponse par toi-même, la réponse délayée venant de l'extérieur aura d'autant plus de saveur.

D'ailleurs tiens, je te laisse avec l'équation suivante :

---

$$dS \geq 0 \text{ pour un système fermé.}$$

---

ainsi que deux questions : qu'est-ce que la mort ? qu'est-ce que la vie ?

---

R !!! **Qu'est ce que la vie ? -** Erwin Schrödinger
*Non content d'avoir été un des immenses esprits à avoir créé la physique quantique, Erwin signe ici un traité d'une candeur et d'une honnêteté intellectuelle absolument envoûtantes. Pour beaucoup de physiciens, la lecture de ce petit livre a été une révélation qui les a fait s'éprendre de la biologie et a marqué un changement de carrière vers la biophysique.*

## 2.5  **Auto-évaluation : Jauges**

Je te propose un exercice qui te sera utile plus tard dans ce livre, ainsi que dans tes études : juger toi-même de ton niveau, d'une manière plus précise qu'en te qualifiant simplement de "bon" ou de "mauvais".

L'idée ici n'est pas d'établir une histoire à laquelle tu t'identifies – tu sais, comme ces gens qui décrètent qu'ils sont mauvais en maths en CE1 et qui ont peur de calculer le partage de l'addition au restaurant avec leurs amis pendant toute leur vie ?

L'idée est de savoir d'où tu pars et ce sur quoi travailler. Et d'apprendre à te connaître au passage.

Voici donc quatre jauges, sur lesquelles tu peux marquer où tu penses te situer, en fonction de tes facilités et difficultés actuelles :

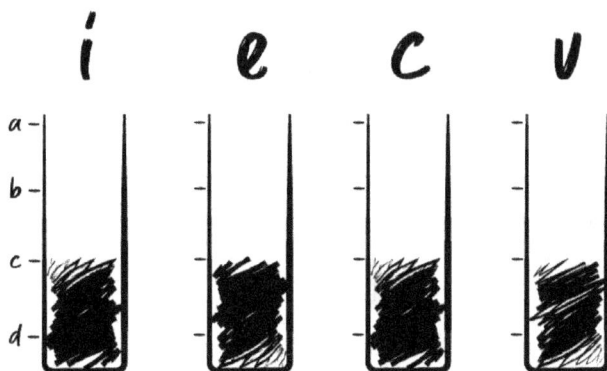

**Imaginer**

a- Tout est clair. Je sais où les exercices vont finir avant même qu'ils ne commencent.

b- J'ai rapidement une solide idée des situations qu'on me présente mais je n'ai pas forcément d'intuition sur leur évolution future.

c- J'ai une image très vague de ce qu'il se passe, et je ne suis pas bien sûr de la physique en jeu.

d- Je n'ai aucune idée de quoi on parle et j'attaque directement les questions en espérant que tout se passe bien...

### Écrire les équations

a- Les équations sortent de mon stylo toutes seules en toute situation. Et elles sont toujours pertinentes par rapport aux problèmes posés.

b- Je connais quelques équations de base, ce qui est souvent suffisant mais parfois il me manque la bonne équation et ça me bloque bêtement.

c- Je connais de nombreuses équations mais ne suis jamais bien sûr de quand utiliser laquelle.

d- Je ne connais pas grand chose et je ne sais pas vraiment quoi faire du peu que je connais.

### Calculer

a- Je sais ce que je cherche et, une fois les bonnes équations écrites, c'est un rapide jeu d'y arriver.

b- Il m'arrive de me paumer un peu mais en général j'arrive où je veux sans tourner trop longtemps.

c- Je sais calculer mais de trop nombreuses erreurs s'introduisent encore dans mes calculs.

d- Je n'ai aucune idée d'où je vais et il m'arrive souvent de tourner en rond ou de ne rien faire du tout, faute de savoir quoi faire.

### Vérifier le résultat

a- Un coup d'œil à mon résultat et je sais tout de suite s'il est bon ou pas.

b- Après un peu de réflexion, la plupart du temps je suis capable de me rendre compte si oui ou non un résultat est absurde.

c- Je regardes le résultat droit dans les yeux pendant longtemps et parfois ça m'aide, mais la plupart du temps je ne sais pas trop quoi en penser.

d- Il faut sauter verticalement avec une vitesse de 100m/s pour franchir une haie de 1m de haut. Et c'est parfaitement normal.

Souviens-toi : Ce livre part de l'hypothèse (extrêmement raisonnable d'après mon expérience d'étudiant et d'enseignant) que le taux de remplissage de ces jauges n'est absolument pas fixé, et qu'il est largement susceptible de changer drastiquement avec le temps.

# 3. Les quatre étapes : pensées

## 3.1 Pourquoi toutes ces étapes ?

Lors de mes classes préparatoires et plus tard, durant ma préparation à l'agrégation, il m'arrivait souvent d'être complètement perdu dans un exercice. Dans les bons jours, ma réaction était alors de tout arrêter, de prendre une nouvelle feuille, de respirer un bon coup, et de me demander : *"OK, de quoi on parle, en vrai ?"*

### Imaginer

Puisque je venais de perdre 20-30 minutes à tourner en rond dans des calculs douteux, je sentais bien qu'il fallait que je réfléchisse différemment avant de me lancer à nouveau tête baissée dans les équations. Je passais donc une ou deux minutes (pas chronométrées, évidemment), à imaginer, à visualiser le problème. À essayer de voir ce qu'il s'y passait. Si j'étais d'humeur ésotérique et que le problème s'y prêtait, j'essayais même de ressentir le problème.

### Écrire les équations

Ensuite, en fonction de l'image que je venais de créer, j'écrivais calmement les deux ou trois choses dont j'étais vraiment sûr, comme le principe fondamental de la dynamique ou les équations de Maxwell, et rien d'autre. Pas de formule semi-apprise en laquelle j'avais à moitié confiance.

## Faire les calculs

Encore calme, je respirais un grand coup et identifiais précisément ce que je cherchais. Par exemple : "montrer qu'il n'y a pas de champ magnétique dans le milieu 3". Donc, attends, en fait, ce que je veux, c'est calculer $B_3$. Pour ça, j'ai besoin de $B_2$ et d'une relation de passage (dont je ne me souviens qu'à moitié, donc j'essaierai de la retrouver quand j'en aurai besoin). Maintenant il me faut donc $B_2$, et boum, avant même de le savoir, j'étais reparti dans mes calculs sauf que cette fois, je savais où j'allais. J'étais reparti sur des bases saines.

## Vérifier les résultats

Enfin, quelques dizaines de minutes plus tard, en arrivant au résultat : $B_3 = B_0 \cdot a \cdot e^{-x/\delta}$, avec $\delta \sim 1$ nm, je me satisfaisais en réalisant deux choses : d'abord $a$ était sans dimension et $\delta$ était une longueur, donc tout était bien homogène. Ensuite, même si $B_3$ n'était pas strictement nul, il s'atténuait sur une longueur de l'ordre du nanomètre, ce qui montre bien, vu les échelles en jeu, "qu'il n'y a pas de champ magnétique dans le milieu 3"

## Origine

Difficile d'expliquer en détail comment j'ai découvert et déterminé ces quatre étapes, parce que ça ne s'est pas fait de manière très consciente. Cela dit, histoire de rendre à César ce qui appartient à Jules, je vais essayer de retrouver qui et quoi m'a aidé à progresser en physique.

La première étape vient probablement du fait que les équations seules m'ennuyaient, mais aussi et surtout parce que nombre de mes professeurs de physique se sont donnés corps et âme pour nous expliquer, nous faire ressentir ce qu'on étudiait. Je me souviendrai par exemple toujours du jour où, entre ma sup et ma spé, un professeur pendant un cours d'été a trouvé les mots pour nous faire "ressentir" ce qu'était un opérateur "divergence", un "gradient", un "rotationnel".

La seconde étape tient principalement à ma (très) mauvaise mémoire, aussi j'ai toujours cherché à retenir le minimum vital et strictement rien de plus.

La troisième étape vient du fait que je n'excelle pas en calculs, et que j'ai assez peu confiance en moi lorsque je tripatouille des lignes et des lignes de symboles et de nombres, donc j'ai toujours tout fait lentement. Ceci dit, c'est aussi ce qui me permet de ne pas commettre trop d'erreurs et, par conséquent, de ne pas m'attarder trop longtemps sur cette partie. J'ai aussi été encouragé par la belle écriture et la grande clarté des tableaux de ma professeur de physique de prépa. Après quelques mois à essayer de l'émuler pour des raisons purement esthétiques, j'ai fini par me rendre compte que la clarté et le détail d'une feuille de calcul permettait également de se clarifier l'esprit.

Enfin, pour ce qui est de la quatrième étape, elle vient de deux choses :
La première, c'est que je suis globalement incapable de conduire un calcul jusqu'au bout sans me planter quelque part, et qu'il me fallait un moyen fiable de m'assurer que je n'allais pas juste construire chaque exercice sur des bases de plus en plus foireuses au fur et à mesure que j'avançais. Je suis feignant, vois-tu, et l'idée de faire des calculs dans le vide ne m'enchante pas. L'autre chose, c'est la forte réaction (toujours humoristique) de l'un de mes anciens professeurs de sciences industrielles lorsqu'on ne vérifiait pas, au moins d'un coup d'œil, que nos résultats numériques n'étaient pas absurdes. Il avait un sacré caractère, et son rire tonitruant lorsqu'il parlait d'une camarade qui écrivait sans crainte dans une copie qu'un débit était égal à 3,8 tonnes par picoseconde, avait quelque chose de contagieux, et de... vaguement menaçant. Résultat, on s'est tous mit à vérifier que nos valeurs numériques avaient un sens, et à s'auto-insulter gentiment lorsqu'elles étaient absurdes, avant de les corriger.

Bref, pendant tout ce temps donc, ces étapes m'avaient été subtilement transmises par tout un tas de professeurs géniaux, par de petites phrases et habitudes glissées par-ci par-là, sans vraiment que je m'en rende compte. Petit à petit, parce que ça marchait, elles me permettaient de résoudre des problèmes et d'avoir des bonnes notes sans travailler tant que ça. Les quatre étapes sont subrepticement devenues une habitude. Et tout ça sans que je m'en rende compte consciemment ! Le seul vrai souci, c'est que personne ne me les avaient clairement énoncées comme je viens de le faire ici ; j'ai donc perdu beaucoup de temps pour en arriver là.

## Formalisation

Ce n'est que plus tard, en donnant des cours particuliers pour une entreprise privée que je me souviens les avoir exprimé pour la première fois, toutes ensemble, en disant : *"Voilà, vous pouvez résoudre à peu près n'importe quel problème de physique de cette façon. Ça vous détendra et vous aurez probablement bon."*

Je donnais alors cours à un petit groupe d'élèves mixte de terminales, premières et secondes à la fois, qui venaient tous de grands lycées parisiens. Ils étaient tous plutôt malins et je me demandais ce que j'allais bien pouvoir leur raconter qui pourrait leur être utile à tous malgré leurs différences de niveau scolaire. Je ne sais pas s'ils y ont prêté plus attention que ça. En tout cas, pendant que cette idée des quatre étapes mûrissait dans mon esprit, il devenait assez clair que les meilleurs du groupe les utilisaient déjà intuitivement, et que ceux qui avaient plus de difficultés ne le faisaient pas.

Quelques années plus tard, je me suis rendu compte que, même bien plus tard dans leurs études (M2), certains étudiants n'ont pas l'air d'approcher leurs problèmes de physique de manière construite et ont des résultats plus décevants que la moyenne.

Maintenant, je vais tenter de répondre aux questions que tu as peut-être sur le bout de la langue, les seules qui t'importent réellement, finalement : *"Pourquoi ça fonctionne ?"* et *"En quoi ça m'aide?"*

### 3.1.1 **Rassurant**

D'abord, c'est rassurant. Tu sais que, quel que soit le problème auquel tu vas t'attaquer, tu vas t'y prendre, en gros, de la même façon. Tu connais déjà les grandes étapes de résolution, et ça t'évite la peur de la page blanche. Lorsque tu as le problème sous les yeux, tu commences tout de suite à imaginer la situation physique. Tu te demandes tout de suite *"De quoi ça parle? Qu'est-ce qui influe sur quoi?"* Ce qui est infiniment mieux que : *"Wow, quoi? Merde, j'ai oublié ce chapitre!"*, *"j'aurais dû mieux réviser"* et autres variantes, qui, au final, ne te font que perdre de l'énergie mentale dans le vide.

Une fois que tu commences à "imaginer" ce qu'il se passe, tu vas te sentir capable d'écrire les équations dont tu te souviens et que tu penses importantes dans le contexte, mais aussi d'identifier ce que tu cherches. Enfin seulement, tu commenceras à résoudre le problème. Tout ce travail préparatoire (qui prend rarement plus d'une minute ou deux!) te permet d'aborder la résolution proprement dite avec une vision globale, en toute sérénité, parce que tu domines le problème. C'est toi qui le manipule et non lui qui te traîne péniblement. Une fois le problème résolu, tu vas même pouvoir te payer le luxe de vérifier toi-même si tu as bon, et ce quel que soit le problème!

C'est un peu comme si tu avais une *to-do list* toute prête quoi que tu aies à faire et ça, c'est super rassurant ! Plus qu'à cocher les cases. Plus de *"Je n'ai aucune idée de quoi faire"*, ou de *"Je commence par quoi ?"*

Alors, en vrai, si, bien sûr, ça arrivera toujours. Mais moins souvent, beaucoup moins souvent. Et ce sera plus précis. Au lieu de *"Waaaa j'y comprends rien, qu'est-ce que je fous là de toute façon ?"*, tu penseras *"Quand je regarde des gens faire du patinage artistique : le type il tourne en écartant les bras, puis d'un coup il les resserre et hop il tourne vachement plus vite... Hmmm, c'était quoi l'équation qui décrit ça, déjà ?"* Ce qui est une bien meilleure question, parce qu'en te creusant un peu la tête, il y a de fortes chances que tu arrives à y répondre [1]. Et puis si tu es chez toi en train de réviser, c'est parfait : tu n'as plus qu'à ouvrir ton cours en sachant exactement ce que tu y cherches. Pour récapituler : non seulement tu seras meilleur pour résoudre les problèmes mais en plus tu auras un apprentissage plus rapide et efficace.

### 3.1.2  Surcharge mentale

Je te préviens tout de suite : je n'irai pas prétendre connaître quoi que ce soit de profond, d'intelligent et à jour en neurologie. Aussi, si tu veux en savoir plus, tu pourras aller jeter un œil sur internet pour te renseigner sur la "mémoire de travail". Je me contenterai de dire qu'il est bien possible que ce petit paragraphe parle de ça.

Il est assez difficile de penser à un grand nombre de sujets à la fois. Les pensées peuvent alterner rapidement, certes, mais pas autour de trente-six idées différentes en même temps. D'ailleurs, rarement plus qu'autour de quatre sujets à la fois.

---

1. La réponse à : *"Qu'est-ce que je fous là ?"* est sensiblement plus difficile à atteindre, bizarrement.

Ce qu'il se passe souvent, c'est quelque chose dans ce goût là :

- C'est quoi la formule de Newton déjà ?
- Ah il faut que j'appelle ma tante
- Je suis fatigué, pourquoi je suis là ?
- Le dernier *Game of Thrones* est trop biieen !


- La formule de Newton ? Il y en a pas plusieurs des formules de Newton ?
- J'essaierai de faire ça en sortant de ce TD relou
- C'est vrai qu'il est relou ce TD
- J'aimerais bien voler à dos de dragon...


- Ah. $\frac{\mathrm{d}(mv)}{\mathrm{d}t} = F$, pourquoi $m$ est dans la dérivée, au fait ?
- 06 42 76... je me rappelle plus. Mémoire nulle. 06 42 78 ? grrr et puis pourquoi je fais ça de toute façon, je l'ai dans mon téléphone
- Si seulement un dragon pouvait entrer dans la salle de TD...


Oui, des fois les idées se connectent, ce qui ne sert souvent à rien, mais parfois c'est intéressant. Pour ce qui est du grand n'importe quoi qui se passe dans ton cerveau, je pense qu'on s'est compris !

**Conclusion :** faire une chose à la fois est extrêmement difficile pour notre cerveau, parce qu'il saute en permanence d'une réflexion à l'autre. Et ce n'est bien souvent pas parce qu'on est trop stupide pour y arriver, c'est plutôt parce que notre cerveau va trop vite, et pas forcément vers ce qu'on voudrait. En revanche, faire quatre choses reliées entre elles est bien plus facile, en plus d'être productif.

On nous dit souvent : *"Concentre toi !"*, *"Travaille sur une seule chose à la fois !"*. Dans la réalité, et je te comprends, tu n'y peux rien si tu as trop d'idées, si ton cerveau bouillonne [2] dès que tu essaies de te concentrer sur une seule chose. Tu penses peut-être : *"UNE seule chose ?? Vous rigolez ? C'est bien trop peu, mon cerveau a trop d'énergie pour ça !"*
Malheureusement, à l'école, personne ne nous dit COMMENT nous concentrer. Tout le monde se contente de nous dire de le faire.

Eh bien, à moins que tu ne t'intéresses à la méditation, au yoga *etc.*, je pense qu'une parade efficace est tout simplement d'essayer de jongler entre quatre idées reliées à cette "seule chose" sur laquelle tu es censé te concentrer.

**Quelles quatre idées ?**
**Les quatre étapes, par exemple !**

Avoir les quatre étapes en tête contribue grandement à apaiser cette agitation cérébrale ou du moins à lui donner une direction qui va aider les bonnes idées à se mélanger.

---

2. Enfin bouillonne. Disons que le rythme de l'ébullition peut dépendre pas mal de ton état de fatigue, de ton état émotionnel ou d'autres choses. Quand le rythme devient très lent, l'explication ci-dessus devient moins pertinente et d'autres types de solutions doivent être recherchées. Ce que je raconte fonctionne si tu as, disons, plus de trois idées en tête par cinq minutes. Appelons ça un domaine d'application.

Le cerveau continue à alterner entre plusieurs pensées mais, cette fois, elles ont toutes un intérêt pour la tâche en cours. L'image qu'on s'est créé d'un côté, les équations principales de l'autre, les calculs au milieu, et l'interprétation des formules en tâche de fond.

Lorsqu'on arrive à la vérification du résultat, l'image se fait encore plus vivante, plus détaillée.

Bref, en alternant entre toutes ces idées, faire de la physique devient tout naturellement plus intense. Au passage, on oublie de réfléchir à quel joueur on voulait ajouter dans son équipe FIFA. Et ce n'est pas plus mal.

- Les électrons sont là, le champ électrique là
- La force exercée par un champ électrique c'est quoi déjà ?
- Qu'est-ce que j'essaie de démontrer ?
- Le dernier *Game of Thrones* est trop biiien ! (personne n'est parfait)

- Donc, il y a un champ électrique ici
- Donc on a $m_e \frac{d\vec{v}}{dt} = -e\vec{E}$ !
- Le temps que l'électron mettrait à atteindre la vitesse de la lumière ?
- Ça vole grâce à un champ électrique, un dragon ?

### 3.1.3    Paroles d'hommes plus sages que moi

Dans l'introduction, j'avais prévenu que je ne revendiquais en aucun cas la paternité de cette approche de la physique. C'est simplement ce que font les bons étudiants, puis ceux qui deviennent de bons ingénieurs, physiciens, ou chimistes.

En 2018, j'ai commencé à donner des TD à Jussieu, où il existe un certain type de TD auquel les étudiants participent une fois toutes les deux semaines, appelé RP (Résolution de Problème). Surprise, en tant qu'enseignants, il nous était demandé d'inculquer aux étudiants une approche des problèmes en quatre étapes : S'approprier le problème, Développer une stratégie, Mener à bien la stratégie, et Conclure.

Ça sonne drôlement familier non ?

L'explication de cette similarité est relativement simple, et peut être trouvée dans un livre de George Polya, écrit en 1945.

Polya, grand mathématicien de son temps, avait prit l'initiative d'interviewer plusieurs dizaines d'experts scientifiques pour comprendre comme ils résolvaient un problème, en général. Et il se trouve qu'à très peu de choses près, ils faisaient tous la même chose. Ils utilisaient tous, d'une façon ou d'une autre, les quatre étapes.

J.-M. Courty, professeur de physique à Jussieu, lui-même grand passionné de résolution de problèmes, a repris ces idées et effectué un travail formidable pour les injecter dans le système d'éducation actuel. C'est d'ailleurs grâce à ça que j'ai pu passer ces deux dernières années à penser à ce sujet aux côtés d'étudiants toujours sympathiques et... plus ou moins passionnés.

Enfin, il y a "la méthode scientifique" elle-même, qui t'a forcément été expliquée sous une forme ou une autre au cours de tes études :

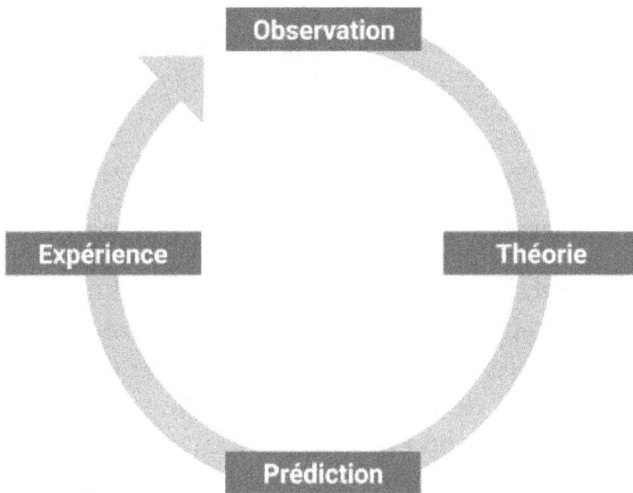

FIGURE 3.1 – Les grandes étapes de la méthode scientifique

À bien y regarder, les **quatre étapes** sont l'adaptation à la salle de classe de la méthode scientifique, c'est-à-dire : comment appliquer la méthode scientifique en relativement peu de temps, et sans faire d'expérience ?

Puisque tu n'as aucune **observation** sous les yeux, tu vas **imaginer** la situation physique décrite.

Ensuite tu vas **écrire les équations**, c'est-à-dire utiliser la **théorie** que tu penses adaptée pour décrire cette situation.

Puis tu vas **faire les calculs** afin de **prédire** le résultat.

Enfin, pour **vérifier le résultat**, tu vas à nouveau te servir de ton **expérience** personnelle ou de la description des résultats d'une **expérience**.

(R) Comment poser et résoudre un problème - George Polya
*George a été le premier à mettre clairement le doigt sur ce qui distinguait un expert d'un débutant, de manière relativement succincte. Son livre est plus destiné aux enseignants qu'aux étudiants.*

(R!) Le site internet de J.-M. Courty :
`https://www.questionsdephysique.fr/a-propos-de/`
*Le site personnel de Jean-Michel. Il est aussi rédacteur depuis au moins six siècles de la meilleure rubrique du magazine "Pour la science" : Idées de physique.*

## 3.2   Problèmes, exercices et examens

Évidemment, il se peut que je t'aie donné l'impression que les quatre étapes présentées en long et en large à travers ce livre, ne s'appliquent bien qu'à un seul type de chose : les problèmes. Une question bien définie, avec une seule situation physique donnée, et à laquelle on cherche un seul résultat. Pas de questions intermédiaires bizarres, pas de suite d'exercices qui n'ont rien à voir les uns avec les autres. Sauf qu'en réalité, tu es perpétuellement confronté à des exercices qui sont relativement détaillés, avec des questions courtes. Alors comment diable es-tu supposé appliquer ce que tu as appris dans ce livre ? Il se peut que tu te demandes, à raison : "*Mais à quoi ça va me servir, du coup ?*"

Tu as probablement déjà trouvé par toi-même la réponse à cette question il y a bien longtemps mais nous allons y répondre ensemble, juste par sécurité !

La plupart des exercices auxquels tu es confronté sont en fait des problèmes, souvent relativement complexes ou au moins loin d'être évidents. En réalité, ces problèmes ont été pré-résolus par quelqu'un d'autre (celui qui a écrit l'exercice) et cette personne essaie de te guider tout au long de la résolution. Souvent c'est un problème qui demande d'utiliser plusieurs équations ou principes importants et la situation physique n'est pas nécessairement intuitive ou simple. C'est pour ça que l'énoncé est découpé, détaillé pour t'aider en suivant une série de questions qui s'enchaînent de façon logique. Il s'agit de t'éviter d'avoir à trouver tout seul la bonne stratégie pour tout résoudre. C'est en quelque sorte le fil directeur de la réflexion globale nécessaire à la résolution du problème.

L'idée est alors de voir l'exercice en entier comme un problème, et lui appliquer les quatre étapes.

Il faut commencer par visualiser la situation physique, afin de se donner une idée globale de ce que tu fais. Ensuite, suivre les questions, qui vont, à peu de choses près, t'aider à effectuer les étapes 2, 3 et parfois 4 – en te demandant alternativement d'écrire des équations connues puis d'effectuer des calculs. C'est exactement ce que tu ferais si tu n'avais pas de questions pour te guider ! Et ça, c'est tout simplement parce que celui qui l'a résolu l'a fait dans l'ordre des quatre étapes (ou de la méthode scientifique), puis l'a détaillé aux endroits où il a dû prendre une initiative qui n'était pas nécessairement évidente. Parfois l'ordre et la logique des questions peuvent être un peu différents du raisonnement que tu aurais aimé suivre mais ce n'est ni surprenant, ni une mauvaise chose ou une raison de t'offenser. Celui qui a écrit l'exercice ne réfléchit peut-être pas exactement comme toi mais il a réussi à le résoudre, et essaie de te guider pour que tu en fasses autant ! D'autant que si tu es capable de résoudre l'exercice à ta façon (ce que je t'encourage à faire si tu en as le temps), la suite de questions te montre une voie à laquelle tu n'aurais pas naturellement songé, ce qui rend ta réflexion plus flexible.

Les questions s'aventurent parfois du côté de la première et de la quatrième étape mais c'est assez rare. On se limite souvent à demander un schéma en guise de première étape. Parfois au contraire, l'énoncé demande explicitement de passer par la première ou la quatrième étape et c'est troublant pour la plupart des étudiants. Ce sont ces fameuses questions qui paraissent vagues au possible comme : "*Expliquer en quelques lignes la situation physique.*", ou "*Que pensez-vous de ce résultat ?*", "*En quoi cette formule pourrait-elle être utile à un exploitant agricole ?*" Ces questions, qui sortent tout droit des première et quatrième étapes, sont souvent faciles pour l'étudiant qui les avait déjà en tête de lui-même... et très confuses et bizarres pour celui qui s'était contenté de retenir par cœur son cours et de procéder aux calculs sans réfléchir à la physique qui se trame derrière.

La vérité, c'est que j'ai toujours considéré les étapes 1 et 4 comme mon arme secrète. Ce sont elles qui me permettaient de me démarquer alors que je ne travaillais jamais beaucoup. Elles me permettaient d'effectuer les étapes 2 et 3 sans trop me planter (alors que je n'ai aucun talent en calcul et une mémoire assez branlante), et de rédiger ou de répondre à des questions à l'oral d'une manière qui envoyait le signal "*Celui-là a compris !*"

C'est aussi l'arme secrète de la plupart des bons étudiants. Et elle n'est plus secrète pour toi !

Bref, revenons à nos choux-fleurs : les exercices étant des problèmes relativement complexes mais guidés, tu vas te rendre compte en cours de route, assez souvent, que l'image que tu avais formé au début était incomplète ou partiellement fausse.

Modifie la ! Elle n'est pas là pour être rigide et t'enfermer dans une voie ! Elle est là pour t'aider, te donner une direction, et te permettre d'utiliser les formidables capacités de ton cerveau à faire des calculs et des prédictions compliquées (si tu mets un grand coup de poing sur la partie courbe d'une cuillère posée sur une table, tu sais presque exactement ce qu'il va se

passer ! Comment elle va tourner, à quelle hauteur environ elle va aller, quelle direction elle va prendre, *etc*, non ?)
Il faut bien comprendre que cette image n'appartient pas à la partie analytique et rigoureuse de ton cerveau. Et bien que beaucoup plus créative et amusante à utiliser, elle est également beaucoup plus prône aux erreurs.

**Il s'agit de laisser ces deux manières de penser coopérer au mieux. La partie analytique se lance sur les pistes indiquées par la partie artistique et intuitive, et la partie artistique n'hésite pas à modifier ses œuvres pour qu'elles correspondent aux règles découvertes par la partie analytique.**

En pratique, les quatre étapes que j'ai décrites de manière linéaire pour te les présenter s'utilisent d'une manière bien plus souple, avec beaucoup d'allers-retours entre elles, un peu comme ça :

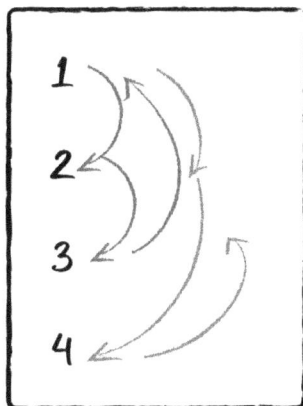

**Sers-toi de la réalité pour modeler ton imagination mais n'essaie pas de modeler la réalité pour qu'elle corresponde à ton imagination. C'est sur cet écueil que de trop nombreux étudiants et scientifiques se heurtent et restent longtemps bloqués, parce qu'ils pensent que leur idée de départ est la bonne et ne veulent pas l'adapter à la réalité qu'ils ont sous les yeux. L'autre écueil est celui, peut-être encore plus courant, des étudiants qui alignent des équations sans avoir la moindre image**

à laquelle les rattacher, et avancent dans un brouillard permanent.

(R!) **The science of thinking** - Veritasium, 2017.
*Une vidéo qui explique bien les deux principales manières de*
*penser*

Si tu en as le courage et que tu n'as rien de plus important à
faire, l'exercice suivant est l'occasion parfaite d'appliquer tout
ce que tu as appris jusqu'à maintenant.

## 3.3  Exercice : où sont les aliens ?

**Exercice 8** (Planètes lourdes) :

En 2018, Michael Hippke publie dans l'"International Journal of Astrobiology" un court article suggérant que si nous n'avons jamais rencontré d'extraterrestres, c'est peut-être bien parce qu'ils sont coincés sur des planètes trop lourdes, et que nous sommes bien chanceux, sur Terre, d'avoir une gravité si faible.

Dans cet exercice, nous allons considérer le lancement d'une fusée à propulsion chimique (c'est-à-dire qui brûle du carburant pour assurer sa propulsion).

Dans un premier temps, nous allons démontrer l'équation reliant la masse de carburant emportée par une fusée à sa vitesse finale, en l'absence de gravité.

On notera $m_F$ la masse de la fusée (structure et charge utile), $m_c(t)$ la masse de carburant dans la fusée à l'instant $t$, $v(t)$ la vitesse de la fusée dans la direction verticale à l'instant $t$, et $v_c$ la vitesse du carburant par rapport à la fusée, dans le sens opposé.

1. Écrire la conservation de la quantité de mouvement pour le système {Fusée + carburant} entre l'instant $t$ où la fusée a une masse $m_F + m_c(t)$ et une vitesse $v(t)$ et l'instant $t + \mathrm{d}t$ où une masse élémentaire $\delta m_c$ de carburant a été éjectée à la vitesse $v_c$ par rapport à la fusée, dans le sens opposé.

2. Se ramener à la seconde loi de Newton pour décrire le mouvement de la fusée. En déduire que la force de poussée est égale au débit massique de carburant : $D_m = v_c \frac{\delta m_c}{\mathrm{d}t} = -v_c \frac{\mathrm{d}m_c}{\mathrm{d}t}$. La seconde expression vient du fait que pour écrire la variation élémentaire de $m_c$ pendant le temps $\mathrm{d}t$, il faut compter les masses algébriquement (la variation de masse est négative, *i.e.* $dm_c = -\delta m_c$.

3. Le temps de combustion $T_c$ est défini comme le temps nécessaire pour brûler tout le carburant initial. En

considérant que $v_c$ est constante pendant le temps de combustion $T_c$, exprimer la vitesse finale $v_F$ de la fusée en fonction $m_F$, $m_0 = m_c(t = 0)$ et de $v_c$.

On simplifie le problème en faisant l'hypothèse que le carburant est consommé durant un laps de temps très court, ce qui permet à la fusée d'atteindre sa vitesse maximale avant d'être ralentie par la gravité. On s'attache maintenant à déterminer à quelle vitesse doit aller la fusée afin d'échapper à la gravité de la planète de laquelle elle est lancée.

On considère une planète de masse $M_p$ et de rayon $R_p$.

4. Écrire l'énergie mécanique de la fusée de masse $m_F$ lorsqu'elle a une vitesse $v_F$ et qu'elle est proche du sol.

5. Écrire l'énergie mécanique de la fusée lorsqu'elle est à une distance arbitrairement grande de sa planète d'origine, avec une vitesse $v_E$. Quelle doit-être le signe de $v_E$ pour considérer le lancement comme réussi?

6. En utilisant la conservation de l'énergie mécanique, exprimer la vitesse de libération $v_L$ la vitesse à laquelle la fusée doit être propulsée initialement afin de pouvoir se libérer de l'attraction gravitationnelle de la planète.

Reprenons les résultats obtenus précédemment afin de conclure. On supposera que $v_F = v_L$.

7. Exprimer le ratio entre $m_0$ et $m_F$ en fonction de $v_L$ et $v_c$.

8. Exprimer le ratio entre $m_0$ et $m_F$ en fonction de $v_c$, $M_p$, $R_p$, et $G$.

La vitesse d'éjection du carburant $v_c$ est typiquement de $4,4$ km.s$^{-1}$, la masse de la terre est de $M_T = 6,0.10^{24}$ kg, le rayon de la terre est de $R_T = 6,4.10^3$ km, la valeur de la constante universelle de gravitation est $\mathcal{G} = 6,67 \cdot 10^{-11} USI$.

9. Quel est le ratio $m_0/m_F$ pour un voyage interplanétaire au départ de la terre?

10. Quel est le ratio $m_0/m_F$ pour une planète de masse $10 \times M_p$ et de rayon $1,7 \times R_p$, typique d'une super-Terre sur laquelle la vie serait en mesure de se développer?

11. Conclure.

## 3.4 Le tuyau d'arrosage

### 3.4.1 Le seau et le physicien

Une autre métaphore fumeuse.

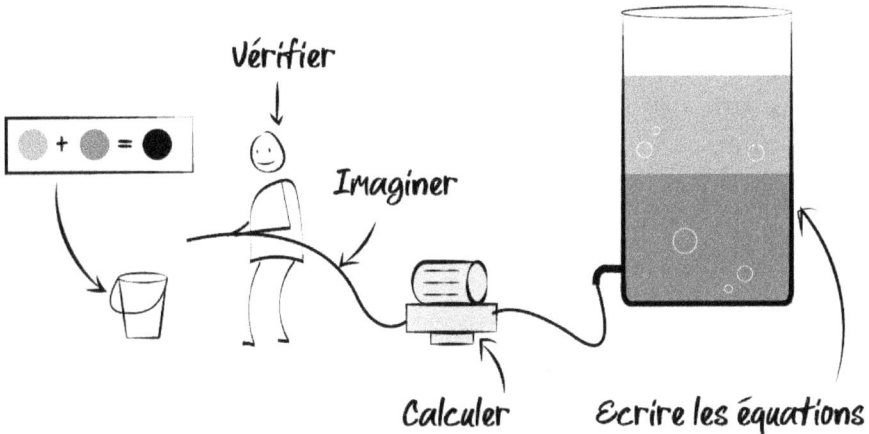

Ton rôle, quand tu résous un problème de physique, est de remplir un seau d'eau de la bonne couleur. Tu as à ta disposition une cuve avec des liquides de plusieurs couleurs différentes, ce sont les équations et les concepts de physique que tu connais. Tu as un tuyau d'arrosage, alimenté par une pompe motorisée. Le moteur représente tes capacités de calculs. Le tuyau lui-même, qui achemine les liquides de la cuve au seau symbolise ton imagination, qui permet d'orienter ta résolution de problèmes. Finalement, garder les yeux bien ouverts au moment de remplir le seau correspond à vérifier tes résultats avant de passer à autre chose.

Tu vois le truc ? Si tu utilises un tuyau non troué, une cuve bien ordonnée et suffisamment remplie, un moteur suffisamment puissant, et que tu gardes les yeux ouverts, tu vas pouvoir créer tout un tas de couleurs sans faire n'importe quoi.

S'il te manque un maillon de la chaîne, et malgré la qualité de tous les autres, remplir un seau d'une couleur bien spécifique (résoudre un problème) va t'être extrêmement compliqué.

Il vaut mieux essayer d'avoir tout le système en état de marche que de te payer un tuyau de luxe en graphène mais d'oublier de remplir ta cuve, ou d'avoir un moteur surpuissant et les yeux fermés. En d'autres termes, il vaut mieux t'arranger pour avoir tes quatre étapes à peu près fonctionnelles que de te concentrer pour devenir extrêmement bon à imaginer des situations physiques sans connaître aucune équation, ou pour devenir une brute en calculs sans jamais t'arrêter pour vérifier tes résultats.

### 3.4.2　Huiler son système

Il peut être intéressant de réaliser que, pour chaque chapitre de ton cours, ta maîtrise des quatre étapes peut varier – autrement dit, que ton système d'acheminement n'est pas toujours exactement dans le même état de marche. Si tu veux être précis, tu peux donc te poser les questions suivantes :

As-tu du mal à imaginer ce chapitre ? As-tu encore oublié les équations ? Les calculs te bloquent-ils ? La vérification des résultats te paraît-elle peu naturelle ?

Si tu es en mesure de répondre à ces questions, voici quelques suggestions pour t'aider à répondre à celle-ci : Que faire pour améliorer les choses ?

À partir de là, la meilleure chose à faire, c'est de travailler sur tes faiblesses. Autrement dit, c'est de faire en sorte que la prochaine fois qu'on te dit : *"remplis ce seau avec un liquide violet"*, tu saches comment t'y prendre, sans que rien ne bloque nulle part.

C'est pour ça que je t'ai fait remplir ces jauges à la fin du chapitre 2, à la page 87.

**Imaginer**

Imaginons donc que :

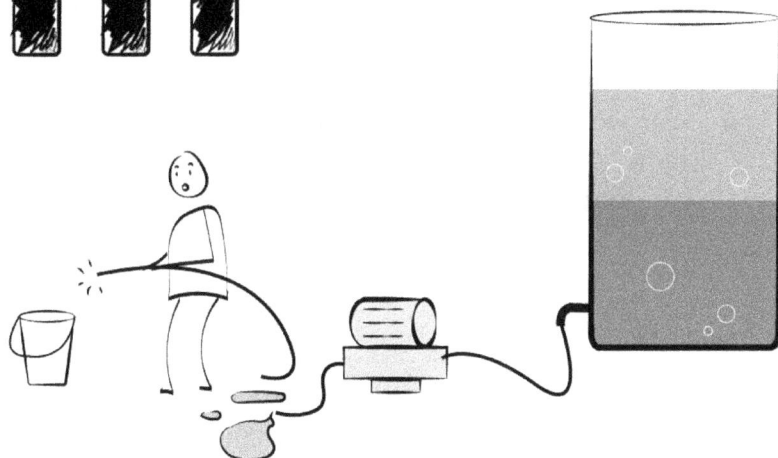

Tu connais bien ton cours, tu te débrouilles bien pour les calculs, et tu sais vérifier tes résultats. Mais tu te retrouves souvent devant une feuille blanche à te demander quoi faire et par où commencer. Alors pourquoi bloques-tu ?

Tu bloques parce que tu ne visualises pas bien le problème. Tu ne comprends pas à quoi sert ton cours, à quoi sert la physique.

Voici une liste d'ajustements à essayer (pas tous à la fois) jusqu'à ce que ça aille mieux :

- Lire l'intro de tes chapitres de cours avec attention. C'est-à-dire en visualisant ce dont il est question en détail, en te demandant à quoi ça s'applique dans le monde réel et dans ta vie. Forme toi une ou plusieurs images mentales de ce qu'il se passe.
- Aller à la bibliothèque de ton lycée ou université et lire l'intro du même chapitre, ou les énoncés des sujets d'exercices qui s'y rapportent, dans deux ou trois livres différents, jusqu'à ce que tu sois convaincu que la physique décrite dans ce chapitre est en effet utilisée par des physiciens, des ingénieurs, et sert à quelque chose. Bref : jusqu'à ce que tu arrives à trouver un réel intérêt à ce chapitre.
- Chercher à relier la formule centrale de ce chapitre (probablement l'une des premières) à cette image. En quoi l'image mentale que tu as de ce chapitre se reflète dans cette formule ? En quoi cette formule représente cette physique ?
- Essayer de faire les exercices en visualisant bien le problème, la situation, avant d'écrire les équations. Essayer vraiment. Si ça t'aide, mets toi un chronomètre de deux minutes et interdis toi d'écrire quoi que ce soit pendant cette durée. Si ça ne marche pas, va jeter un œil au début de la correction en tentant de visualiser pourquoi ils font ça, ce que ça représente. J'ai bien dit jeter un œil, pas la lire entièrement. Ensuite tu fermes la correction, et tu recommences l'exercice, de zéro, en imaginant ce qu'il s'y passe.
- Aller voir sur internet si il n'y pas des articles simples ou des vidéos qui expliquent le sujet de manière plus imagée.

**Écrire les équations**

Dans le cas :

$i \quad e \quad c \quad v$

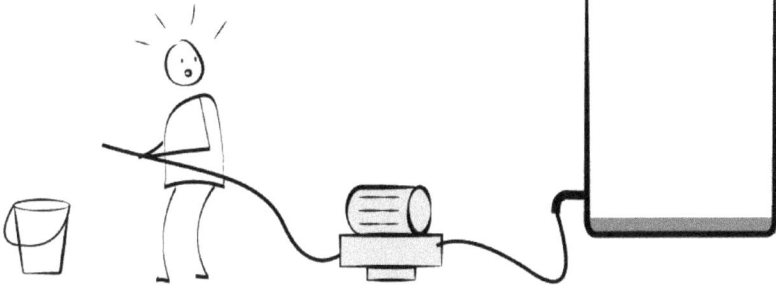

Il faut que tu apprennes ton cours. Mais attention, il faut surtout que tu en extraies les équations les plus importantes. N'essaie surtout pas de tout retenir, essaie plutôt de tout bien comprendre.

Comment faire ça ? Eh bien, essaie de repérer les équations qui peuvent être démontrées facilement à partir d'autres, essaie de les démontrer par toi-même, puis oublie-les. En revanche, entoure celles qui ne sont pas démontrées ou nécessitent une démonstration vraiment lourde que tu ne pourras pas refaire facilement. Assure-toi de bien te les approprier.

Ce que je veux dire par là, c'est que tu dois associer les équations à la visualisation que tu t'es faite du cours. Il s'agit de comprendre la signification et la place de chaque terme dans l'équation. Ensuite seulement, va faire des exercices.

Encore une fois, attention, tu es déjà bon en calcul, là n'est pas le problème. Ne conduis pas les exercices jusqu'au bout à chaque fois. Fais le début. Essaie d'écrire les équations dont tu penses avoir besoin. Tu peux commencer avec ton cours ouvert pour un ou deux exercices. Puis essaie en fermant ton cours. Commence à faire les calculs jusqu'à ce qu'il soit évident pour toi qu'en continuant sur cette lancée, tu trouverais le résultat demandé. Si tu coinces, jette un œil à la correction. Jette *un* œil! C'est-à-dire essaie de ne pas regarder la correction plus de quelques secondes.

**Calculer**

Dans le cas :

Sur une feuille séparée, ou en haut de la page : note les équations importantes de ton cours. Seulement celles qui sont vraiment importantes. Oublie celles qui sont démontrables ou juste partiellement importantes.

En bas de la page, écris les autres équations de ton cours. Et démontre-les. C'est un excellent moyen de progresser en calculs et en bonus ça aide à retenir les formules importantes.

Tu peux, de même, garder les équations importantes dans un coin et faire des exercices, jusqu'au bout.

Il est très important que tu fasses les choses proprement, en prenant ton temps ! Souviens toi, esprit fainéant et calme mais main courageuse.

C'est une compétence assez bête et méchante à développer, ce que tu peux trouver heureux ou malheureux, selon tes penchants.

**Vérifier**

Dans le cas :

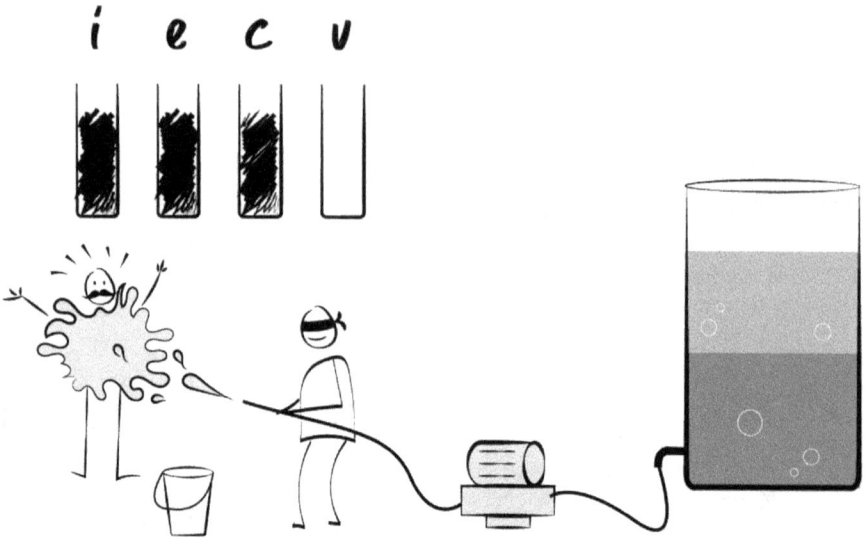

Tu dois faire trois choses :

- Regarder les équations importantes de ton cours droit dans le signe égal. Et te demander si elles sont homogènes et logiques.
- Puisque tu veux juste travailler tes compétences en vérification, soyons fous et commettons une hérésie : tu as le droit de regarder les corrections de tes exercices. Regarder simplement les résultats encadrés, et, encore une fois, te demander s'ils sont homogènes et logiques. Pour l'homogénéité, prends ton courage à deux mains et écris l'analyse dimensionnelle proprement, d'un bout à l'autre. Ça t'aidera à l'intégrer, à t'habituer aux constantes bizarres ($\epsilon_0$, $G$ et compagnie), et à force tu réussiras à tout faire de tête. Ensuite, je sais que ça peut paraître étrange comme façon de travailler parce que ça ne demande pas d'écrire – et ça peut être long – mais lorsque tu te demandes si ton résultat est logique : prends ton temps, tu es en train de développer ton esprit. C'est pour ce développement de ton esprit qu'on te paiera plus tard. Alors détends-toi et demande-toi : est-ce que c'est logique ?

- T'habituer aux ordres de grandeurs en comparant systématiquement ceux que tu rencontres à ceux que tu connais
déjà. Le soleil produit $4 \times 10^{26}$ W? Très bien, ça représente environ $2 \times 10^{23}$ sèches-cheveux, puisqu'un sèche
cheveux fait environ 2000 W. En bombes nucléaires ($\sim$
$100TJ$)? Environ $4 \times 10^{12}s^{-1}$, soit quatre mille milliards
de bombes nucléaires par seconde. Et si des humains de-
vaient produire la même puissance en pédalant? Un hu-
main peut produire environ 100 W, donc ça représenterait
$4 \times 10^{24}$ humains, soit bien, bien plus que tous ceux qui
ont jamais existé.

# 4. Apprendre la physique

Dans ce chapitre, je vais t'accompagner tout au long d'un cycle miniature : un cours, un TD, des révisions et enfin un examen. J'en profiterai pour te donner tout ce que je sais de l'apprentissage et pour te montrer où et comment ta nouvelle compréhension des quatre étapes peut te permettre de progresser. Tu peux lire ce chapitre de quatre manières :

- En le suivant pas à pas, en lisant le cours, en faisant les exercices, en révisant et en faisant l'examen blanc, le tout en suivant les conseils qui vont avec. Je ne te recommande pas particulièrement de faire ça, à moins que tu n'aies de l'avance dans ton propre cours, que ça t'amuse, ou que tu sois en train d'étudier le théorème de Bernoulli.

- En suivant les conseils et en les appliquant à tes propres études, sans t'intéresser plus que ça aux détails de la physique présentée ici, si ce n'est à titre d'exemple.

- En le lisant une fois, pour t'imprégner de la philosophie globale et t'approprier une ou deux idées mais sans te perdre dans les détails.

- En lisant les parties qui t'intéressent, selon tes besoins. Par exemple si tu as un examen qui approche et que tu ne sais pas par où commencer tes révisions, tu peux aller directement voir la partie "réviser pour un examen".

> **Remarque :** *Ce chapitre contient beaucoup trop de conseils pour tous les appliquer et, je préfère te prévenir, n'essaie même pas de le faire. Si à un seul moment tu te sens dépassé par ce que tu y trouves, ferme ce livre et va lire Feynman ou jouer à la Playstation. Sache bien une chose : je n'ai jamais suivi tous ces conseils à la fois, pas une seule fois. La raison pour laquelle ils sont tous là est différente. Ce chapitre s'apparente plus au fonctionnement d'un dictionnaire : pour t'inspirer au besoin.*
>
> *C'est également pour ça que les conseils sont donnés sous forme de potentiomètre : pour que tu puisses choisir ce qui correspond à tes besoins actuels, en fonction de ce qui t'inspire.*

## 4.1   Qu'est-ce qu'apprendre ?

C'est une bonne question n'est-ce pas ? À vrai dire, je ne suis pas bien sûr de pouvoir y répondre de manière satisfaisante. Par contre, je peux facilement te dire ce que ce n'est pas. Apprendre n'est pas connaître par cœur tous les détails d'un cours, ainsi que chaque exercice et chaque démarche de résolution. Du moins ce n'est pas la seule manière d'apprendre et probablement pas la meilleure, parce que notre mémoire est limitée et que l'apprentissage par cœur ne permet pas de faire face à des situations inconnues. Si tu apprends par cœur tout un cours, il y a fort à parier que dans quelques mois tu en auras oublié une bonne partie, à moins de réviser très régulièrement. Non, apprendre est bien plus vague que ça. Par exemple, je pense pouvoir dire avec pas mal d'assurance que j'ai "appris" la mécanique du point. Ceci étant dit, si j'essaie de me souvenir des détails, c'est compliqué. Je peux retrouver des choses, par contre, et probablement résoudre la plupart des exercices imaginables au niveau licence et prépa sans avoir besoin de réviser avant. C'est simplement parce que plutôt que de tout apprendre par cœur, j'ai compris le fonctionnement de la chose, de sorte que je peux désormais "réinventer" le déroulement du cours qui m'a été enseigné. Je dis "réinventer" parce que je n'ai pas l'impression d'avoir grand chose en tête...

Je me souviens de la seconde loi de Newton : $m\vec{a} = \sum \vec{F}_{ext}$. J'ai aussi des impressions, des ressentis et encore une image claire des errements d'une boule noire un peu abstraite sous l'effet de forces. Ou de moi qui tombe de la tour Eiffel. Je sais aussi que la mécanique du point peut servir à tout un tas de choses et je suis capable de donner des exemples, voire d'en inventer. Le mouvement des planètes, par exemple, ou le freinage d'une voiture, voire avec un peu de calculs et de doigté, les vibrations d'une corde de guitare. Enfin, j'ai une certaine dose de confiance qui me dit que je suis probablement capable de comprendre où ira un exercice et de faire les calculs associés.

C'est à peu près tout ce que j'ai en tête mais je pense que ça suffit. Est-ce que tu peux penser, de même, à un sujet que tu maîtrises mais sur lequel tu n'as pas une grosse banque de faits et d'équations pour autant ? Est-ce que ça te gêne, ou au contraire est-ce que ça te satisfait, de te dire que le peu que tu connais est suffisant ?

C'est à peu près ça l'objectif lorsqu'on veut "apprendre" un cours : savoir de quoi ça parle, avoir une idée de ce à quoi ça peut servir, avoir une image claire et adaptable des idées essentielles, connaître la ou les quelques formules importantes, enfin avoir confiance dans notre capacité à nous en servir. C'est à peu près tout. Ça n'a pas l'air si terrible dit comme ça, si ?

Enfin, avant de nous lancer ensemble dans ce "cycle" et de t'innonder sous une pluie d'idées et de conseils spécifiques à des situations diverses et variées, j'aimerais encore une fois faire appel à notre bon vieux René, afin de nous guider sur la voie de l'apprentissage.

**Ce qu'il faut faire :**

*J'ose dire que l'exacte observation de ce peu de préceptes que j'avais choisis, me donna telle facilité à démêler toutes les questions [...] qu'en deux ou trois mois [...] non seulement je vins à bout de plusieurs que j'avais jugées autrefois très difficiles, mais il me sembla aussi, vers la fin, que je pouvais déterminer, en celles même que j'ignorais, par quels moyens, et jusqu'où, il était possible de les résoudre.*

*– René Descartes*

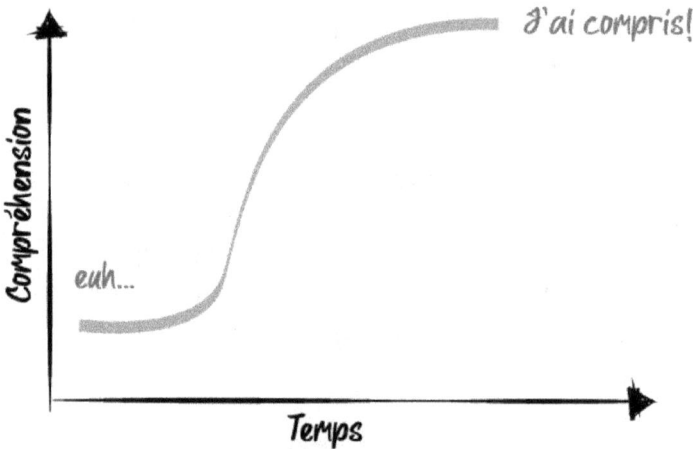

Lorsque tu essaies de comprendre quelque chose, je parie que tu as parfois l'impression que rien ne se passe, et que ce que tu fais ne sert à rien. C'est normal. Garde ce sentiment juste assez longtemps pour déclencher cette montée exponentielle qui mène au "*J'ai compris !!!*" Ça a l'air simple dit comme ça, mais moins du quart des étudiants le font de manière régulière. D'ailleurs, même les étudiants qui le font de manière régulière ne le font pas systématiquement. C'est pourtant un des sentiments les plus agréables qu'on puisse avoir en faisant de la physique et c'est la clé du succès sur le long terme.

**Ce qu'il faut éviter :**

*Ceux qui, se croyant plus habiles qu'ils ne sont, ne se peuvent empêcher de précipiter leurs jugements, ni avoir assez de patience pour conduire par ordre toutes leurs pensées : d'où vient que, s'ils avaient une fois pris la liberté de douter des principes qu'ils ont reçus, et de s'écarter du chemin commun, jamais ils ne pourraient tenir le sentier qu'il faut prendre pour aller plus droit, et demeureraient égarés toute leur vie.*

*– René Descartes*

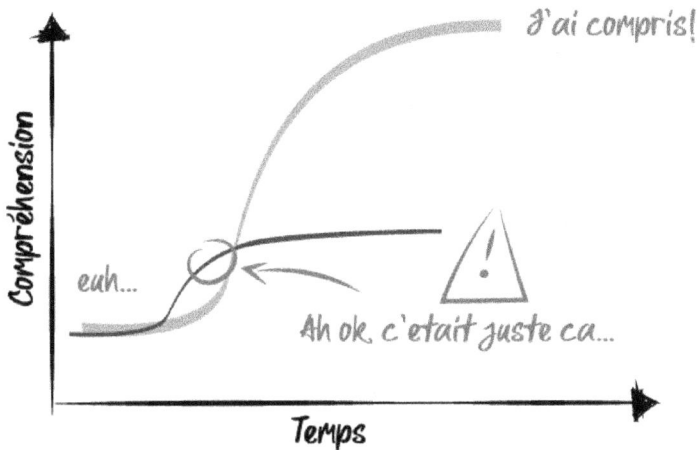

Quand on abandonne, il y a plusieurs manières d'abandonner. La plus mauvaise (que peu de gens font en pratique) est de complètement abandonner et d'oublier à jamais ce problème qui les énervait. La moins mauvaise (qui est facile et donne bonne conscience) est de trouver la réponse ailleurs, dans un livre ou auprès d'un professeur. Il n'y a rien de mal à chercher de l'aide extérieure, si (et seulement si) ce n'est pas ton attitude par défaut. En effet, lorsqu'on cherche la solution à son incompréhension dans d'autres ressources que celles qui ont posé le problème initial, on répond à notre incompréhension par un ajout d'*information*, et non par un ajout de *compréhension*. Tu vois la courbe noire au dessus ? Elle monte plus tôt que la grise, certes, mais pas aussi haut – c'est le prix à payer pour la recherche constante d'aide extérieure. Le pire est que cette façon de procéder s'accompagne souvent d'une illusion de compétence qui pousse à ne pas réfléchir plus.

Je ne t'encourage pas pour autant à ne jamais chercher d'aide. Si ça coince vraiment, alors ça coince vraiment et s'acharner pendant des mois sur un truc peut, effectivement, être une perte de temps.

Sache tout de même que lorsque je parle de comprendre tout seul, tu as quand même le droit de discuter avec quelqu'un qui ne connaît pas non plus la réponse. Voire avec quelqu'un qui connaît la réponse mais qui ne va pas te la donner immédiatement, et simplement te guider vers la bonne voie. Ça compte aussi. En d'autres termes : c'est l'émergence active de la compréhension que tu recherches, pas sa réception passive.

Sacré René hein ?

(R) **Règles pour la direction de l'esprit** - René Descartes
*René était Descartes et je crois que ça suffit bien à le présenter. Cela dit, ses œuvres sont assez difficiles à lire de nos jours. D'abord parce que son français a un peu vieilli, ensuite parce que (et c'est là une victoire majeure pour lui et la science !) la plupart de ses idées font de nos jours tellement partie de la culture scientifique qu'il est facile de s'ennuyer en lisant ses textes.*

## 4.2 **En amphi**

C'est là que tout commence. On te présente un nouveau sujet et il va s'agir pour toi de te dépatouiller avec, d'en extraire quelque chose qui te restera.

Que faire en amphi ?

Ce que tu veux, mais essaie d'être présent mentalement. Avant de voir ensemble quelques idées qui peuvent t'y aider, j'aimerais juste te dire des choses que tu sais déjà mais qu'on tend parfois à oublier.

Tu passes (selon ton cursus) entre vingt et quarante heures par semaine en cours. C'est beaucoup de temps. Dans une journée normale, c'est même ton activité principale. Le matin, tu te prépares à y aller ; le soir, tu en rentres et tu sais que tu vas y retourner le lendemain, ce qui contraint par exemple ton heure de coucher *etc*. Tes cours ont de toute évidence une place centrale dans ton emploi du temps. Pourtant, la plupart des étudiants (et j'ai fait cette erreur aussi, de trop nombreuses fois) semblent accepter comme normal de ne pas vraiment prêter d'importance à cette activité principale. Ils font comme si être présent physiquement était la seule chose qui comptait et oublient d'accorder de l'attention à leurs cours. Discuter, être sur son téléphone, penser à complètement autre chose ou mon truc préféré : rêvasser à comment on va travailler ce soir et tout apprendre et comprendre[1]. En pratique, ce sont des bâtons que beaucoup mettent dans leurs propres roues car le résultat est simple à comprendre : si tu as passé six heures de cours à ne rien faire, à ne pas réfléchir à ton cours, tu n'auras rien appris en cours. En conséquence, il faudra soit ajouter encore du travail chez toi pour apprendre, soit ne pas apprendre. Dans les deux cas, c'est dommage ! Dans le premier cas, celui où tu veux apprendre mais où tu n'as pas commencé à le faire en cours : au lieu de travailler des heures et des heures le soir et le

---

1. Je ne saurais compter le nombre de fois que j'ai fait ça pour finalement rentrer chez moi et avoir la flemme !

week-end, tu pourrais passer du temps avec tes amis, ta famille, ta Playstation, à faire du sport, ce que tu veux ! Dans le second cas, où tu n'as rien appris et que tu n'essaieras pas non plus d'apprendre chez toi, tu passes le plus clair de ton temps à faire une activité qui ne t'apporte rien.

Tu as déjà fait d'aller en cours ton activité principale en choisissant tes études, alors pourquoi choisir de ne le faire qu'à moitié ? C'est un gâchis monstrueux et c'est un peu bizarre dans le fond [2].

Le côté positif d'être le plus attentif possible en cours est, lui, évident : en sortant d'une journée de cours tu as déjà vu quantité d'informations, déjà passé du temps à y réfléchir, et c'est ça de moins à faire tout seul de ton côté. À partir de là, la quantité de travail personnel à fournir pour exceller est relativement faible.

Je n'ai jamais trop compris pourquoi un des conseils qu'on entend le plus quand on est étudiant concerne la quantité de travail à fournir chaque soir chez soi, en terme de temps. Un des grands slogans est : *"Il faut travailler deux heures chaque soir."* Pourquoi deux heures ? Tu arrêtes même si tu es complètement largué ? Tu continues même si tu sais déjà tout ? Et puis qu'est-ce que tu fais pendant ces deux heures ? Et de toute façon, n'est-ce pas prendre le problème complètement à l'envers ?

$$(\text{apprentissage}) \propto (\text{temps})$$
$$\propto (\text{temps en cours}) \qquad (4.1)$$
$$+ (\text{temps pas en cours})$$

Pourquoi diable se concentrer sur deux heures de travail par

2. Note de l'éditeur : Si tu veux vraiment passer du temps à ne rien apprendre, tu peux également aller travailler à l'usine. Au moins, tu auras un salaire à la fin du mois, et tu ne perdras pas ton temps pour rien. C'est ce que j'ai fait, le temps de trouver ma voie et de retrouver l'envie d'apprendre.

soir chez toi ? C'est presque forcément dérisoire par rapport au temps passé en cours. Je crois que les professeurs sont aussi coupables de perpétuer ce biais : beaucoup ont tendance à s'offusquer un peu violemment lorsque les étudiants n'ont pas fait le travail "maison", comme la préparation des TD *etc*, tandis qu'ils ne vont en général pas s'énerver contre un étudiant qui, certes prend des notes mais est complètement absent mentalement. Sournoisement, cela encourage à faire le minimum syndical en cours : juste assez pour ne pas se faire remarquer, puis se mettre la pression à propos du travail à la maison.

En plus, et c'est probablement là le drame de la chose, si tu choisis de ne pas te concentrer sur ce que tu cherches à apprendre pendant ton *(temps en cours)*, il n'y a pas grand chose d'intéressant que tu puisses faire en amphi [3]. Il n'y a que des activités passablement intéressantes comme traîner sur ton téléphone ou dessiner des sgloubougis sur ta feuille – activités pratiquées de manière plus ou moins discrètes et pendant lesquelles tu risques d'être dérangé par un professeur te rappelant à l'ordre ou je ne sais quoi d'autre.

Alors que ce que tu peux faire pendant le *(temps pas en cours)* est autrement moins limité !

Attention, il est tout de même à noter que le type de travail qu'il est possible de fournir en cours et chez toi sont légèrement différents et que les deux peuvent être complémentaires. Aussi éliminer complètement le travail chez toi serait une probablement une perte, mais tu peux (et tu devrais) le minimiser autant que possible et désirable [4]. La vie a bien plus à offrir que des journées remplies de passivité et de petites activités semi-intéressantes faites dans la clandestinité d'un côté, puis d'un travail plus ou moins acharné le soir.

Essayons maintenant de réfléchir à quelles stratégies, toi, avec

---

3. Ceci n'est pas un défi !

4. Sauf si tu prends plaisir à travailler longuement chez toi, auquel cas je ne veux certainement pas te décourager de le faire !

ton esprit qui va trop vite ou ton envie de dormir, tu peux recourir afin de maximiser ton apprentissage pendant tes heures de cours.

Cette fois soyons honnêtes : les fameuses quatre étapes seront difficilement applicables directement. Cela ne veut pas dire qu'on ne peut pas utiliser des idées qui en découlent. Le fait d'imaginer le sujet qui nous est présenté plutôt que de rester à la surface des choses permet par exemple une compréhension plus poussée et efficace. Essayons de discuter de méthodes pragmatiques afin de profiter au maximum du temps passé en cours, histoire d'être tranquille après.

Si on reprend l'équation (1.1) mentionnée à la page 13 :

$$(\text{apprentissage}) \propto (\text{temps}) \times (\text{concentration}) \times (\text{qualité de l'approche}) \tag{4.2}$$

La première chose, et je suis certain qu'elle est évidente pour toi mais qu'il est possible que, dans un accès de flemme ou par mauvaise habitude, tu sois tenté d'ignorer, est que la (*concentration*) joue un rôle décisif. Le meilleur moyen de tout foutre en l'air et de ne rien apprendre en cours est de faire complètement autre chose, par exemple être sur son téléphone. J'ai eu la chance de n'avoir eu mon premier smartphone qu'après mes classes préparatoires [5], ce qui m'a sauvé en classes préparatoires mais ne m'a pas protégé par la suite. Il m'a fallu attendre jusqu'au M2 pour avoir la discipline interne de ne pas passer mon temps sur mon téléphone en cours, et les résultats que j'ai obtenus à ces différentes périodes reflètent

---

5. Le premier iPhone est sorti quand j'étais en première, ce qui a doucement démarré la généralisation des smartphones, tendance que je n'ai suivi que quelques années plus tard. J'ai du mal à croire que je suis en train d'écrire ces lignes. Serais-je déjà vieux ?

ridiculement bien cette absence/présence de smartphone dans ma poche. Le plus simple est donc d'éteindre ton téléphone avant d'entrer en salle de cours. Je ne dis pas ça pour être un vieux chieur mais pour que tu aies du temps pour faire des choses plus intéressantes après tes cours. C'est une simple habitude à prendre et je te promet qu'elle en vaut la peine !

Je viens de me concentrer sur les téléphones comme si c'était le seul moyen de ne pas être concentré en cours. Ce serait nier la créativité d'un étudiant qui n'a pas envie de travailler. Tu devrais aussi, par exemple, éviter de discuter avec tes camarades. D'autant que, parole d'enseignant, cela rend le cours objectivement plus mauvais. L'enseignant entend les discussions et souvent suffisamment bien pour comprendre les mots individuels. S'en suit un débat interne entre continuer le cours et trouver une connerie à dire pour s'immiscer dans la conversation en question et l'interrompre. Ce débat interne peut également inclure des questions éthiques : est-ce que ce n'est pas un peu méchant de faire savoir à la totalité de la classe que Roberto vient de commencer la musculation parce qu'il se trouve un peu gros, ou que Jeannette ne supporte plus sa mère en ce moment ? Et pendant que tout ça se passe dans le cerveau de l'enseignant, il essaie tant bien que mal, mais surtout mal, de poursuivre son intelligente tirade à propos du rapport entre l'essor de la thermodynamique et le colonialisme anglais. Tout le monde y perd. Il y a tout un tas d'autres choses qu'il serait mieux que tu évites également, si possible, mais je pense que tu as compris où je veux en venir. Sinon ce n'est pas d'autres exemples qui y changeront quelque chose.

La deuxième chose est de trouver une façon de suivre le cours qui te permette d'être plus concentré, tout en prenant des notes utiles pour la suite. Une (*qualité de l'approche*) qui augmente ta (*concentration*) du même coup est un peu une bonne chose "au carré", si on en croit l'équation (4.2).

Alors essayons de discuter de méthodes de prise de notes qui permettent aussi de suivre le discours du professeur.

Voici le premier potentiomètre dont je parlais au début du livre. Tu sais, ceux que tu peux régler un peu au *feeling* : pas trop à gauche parce que c'est naze, pas trop vite à droite parce que tu vas te fatiguer ?

L'idée est de tourner le potentiomètre vers la droite quand tu sens qu'il y a du progrès à faire, ou un peu vers la gauche quand tu satures.

---

**Potentiomètre 1 : En amphi**

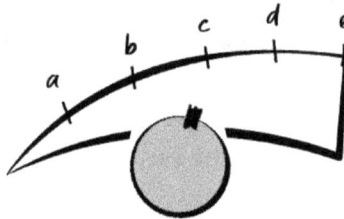

a- Mentalement absent, je note tout (ou je prends des photos du tableau[a]).

b- Je ne note rien mais je suis le cours.

c- Je suis le cours et note ce qui paraît important.

d- Pareil et, lorsque je me pose une question, soit je la pose directement, soit je l'écris visiblement (par exemple avec un stylo rose) dans mes notes de cours, à l'endroit où elle m'est venue.

e- J'utilise la méthode "Cornell", qui consiste à séparer ma feuille en trois zones. La première et plus grande pour prendre des notes de cours, la deuxième (marge à gauche) pour écrire des questions telles que j'imagine qu'elles pourraient m'être posée à un examen, la troisième (en bas de la page) me sert à faire un résumé du cours.

---

a. si j'ai la discipline de pas alors passer mon temps à faire autre chose sur mon téléphone...

> **Remarque :** *Ce potentiomètre, comme d'autres, peut être revu à la baisse ou à la hausse de manière dynamique pendant un cours même, selon ton niveau d'énergie. Il serait dommage de commencer très bas mais il est compréhensible qu'il finisse par y aller tout seul. Ce n'est pas dramatique si tu as fais de ton mieux.*

Parlons rapidement de style. Je sais que certains sont tentés de faire des magnifiques oeuvres d'art de leurs notes de cours. Une couleur pour les titres, une pour les sous-titres, une pour les théorèmes, *etc*. Si tu fais partie de ces gens là, d'abord, sache que j'admire ton sens artistique. Sache aussi que je pense qu'il pourrait être mieux employé. Pose-toi sincèrement la question suivante : *"Est-ce que toutes ces couleurs ne sont pas une manière subtile de procrastiner, et de concentrer mon attention sur quelque chose d'autre que la physique ?"*

Je te lance un défi : pendant tes deux prochain cours, essaie de voir à quel point peux-tu faire une jolie prise de notes en te limitant à deux couleurs [6] et une règle ?

Si malgré tout ça, tu penses que toutes tes couleurs sont simplement ta façon à toi de passer un bon moment en amphi, et qu'il ne te semble pas qu'elles ralentissent ton apprentissage, très bien, tu gagnes, fais-toi plaisir.

---

6. En plus du "stylo rose", si tu l'utilises.

## 4.3  Cours : Mécanique des fluides

Dans cette brève introduction à la mécanique des fluides, nous allons nous intéresser à une description sommaire des fluides en mouvement, et introduire quelques équations utiles à leur description.

### Bilans

La première notion que nous abordons est celle de bilan. Elle dépasse très largement le cadre de la mécanique des fluides et même de la physique dans son ensemble.

Il s'agit simplement de rendre compte des variations d'une certaine quantité, que l'on notera $G$, au sein d'un système $\Sigma$.

La notion de bilan s'exprime simplement sous la forme :

$$\Delta G = E - S + C - D \tag{4.3}$$

$\Delta G$ représente la variation de la quantité $G$ au sein du système, $E$ les entrées, $S$ les sorties, $C$ est un terme de création et $D$ un terme de destruction.

En mécanique des fluides, une quantité $G$ utile est la masse $M$ contenue dans le système $\Sigma$. La masse étant une quantité conservative, elle ne peut être ni créée ni détruite[a], aussi les termes $C$ et $D$ seront nuls dans l'équation précédente.

On peut exprimer la masse contenue dans un système de volume $V$ comme :

$$M = \int_{A \in V} \rho(A) \mathrm{d}V \tag{4.4}$$

---

a. Sauf si la situation est telle qu'il puisse y avoir conversion de masse en énergie et inversement, comme l'indique $E = mc^2$. Le contexte indiquera clairement ce genre de possibilités.

**Débits massique et volumique**

Étudions le cas particulier d'un écoulement de fluide dans un tuyau de section $S$. Si l'on cherche à exprimer la variation de $M$ pendant un intervalle de temps $dt$, il va falloir évaluer les masses entrantes et sortantes pendant ce temps $dt$.

Dans un premier temps, évaluons la quantité de masse $dM$ de fluide à la vitesse $v$ traversant une surface $S$ pendant un intervalle de temps $dt$.

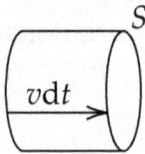

$S$

$vdt$

L'image précédente permet de se convaincre que si l'on fait l'hypothèse d'une masse volumique et d'une vitesse homogènes sur la section $S$, alors $dM = \rho dV = \rho v dt S$.

Pour des grandeurs non homogènes on peut affiner la description précédente et écrire $dM = \iint_{A \in S} \rho(A,t) v(A,t) dt dS$.

Cela nous permet d'exprimer le débit massique à travers la section $S$ comme $D_m = \frac{dM}{dt} = \iint_{A \in S} \rho(A,t) v(A,t) dS$.

Reprenons alors l'équation de bilan (4.3) afin d'exprimer la variation de quantité de masse contenue dans la surface de contrôle $\Sigma$.

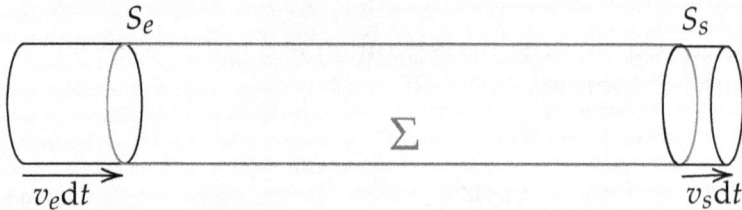

$S_e$ $S_s$

$\Sigma$

$v_e dt$ $v_s dt$

$$\frac{dM}{dt} = D_{me} - D_{ms} \tag{4.5}$$

Un cas particulier très utile est celui du régime station-naire, pour lequel $\frac{dM}{dt} = 0$. On peut alors écrire :

$$D_{me} = D_{ms} \qquad (4.6)$$

*C.à.d.* que, en régime stationnaire, le débit massique se conserve le long de l'écoulement.

Dans le cas d'une masse volumique et d'une vitesse ho-mogènes sur les section $S_e$ et $S_s$, on peut ré-écrire l'équation précédente sous la forme plus explicite :

$$\rho_e v_e S_e = \rho_s v_s S_s \qquad (4.7)$$

Un cas particulier utile est celui du fluide incompressible, pour lequel $\rho_e = \rho_s$, ainsi on peut écrire, pour un fluide incompressible en régime stationnaire :
Débit volumique : $D_v = v_e S_e = v_s S_s = vS = C^{te}$.

### Le théorème de Bernoulli

Considérons le mouvement d'une particule incompres-sible de fluide de volume (constant) $dV = Sdl$ le long de l'écoulement du fluide. Nous cherchons à exprimer la va-riation d'énergie de cette particule de fluide lors de son déplacement. L'énergie potentielle de cette particule de fluide est de $\rho dV gz$. Son énergie cinétique est de $\frac{1}{2}\rho dV v^2$. Si l'on considère que les forces de viscosité sont négli-geables, la seule action reçue par le fluide est celle des forces de pression.

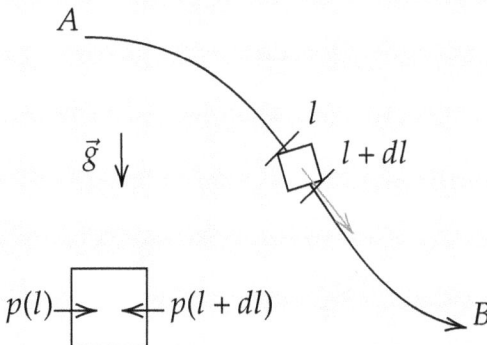

À gauche de la particule de fluide, la force s'exprime comme $p(l)S$, tandis qu'à droite elle s'exprime comme $-p(l + dl)S = -\left(p(l) + dl\frac{dp}{dl}\right)S$. La force de pression totale reçue par le fluide est alors $p(l)S - p(l + dl)S = -\frac{dp}{dl}dV$.

D'après le théorème de l'énergie mécanique, la variation d'énergie de la particule de fluide d'un point $A$ à un point $B$ de l'écoulement est de :

$$\Delta E_m = W_p \qquad (4.8)$$

Où $W_p$, le travail des forces de pression s'exprime comme $W_p = -\int_A^B \frac{dp}{dl}dVdl = (-p_B + p_A)dV$. On peut alors écrire :

$$\Delta\left(\frac{1}{2}\rho dVv^2 + \rho dVgz\right) = (-p_B + p_A)dV \qquad (4.9)$$

En simplifiant par $dV$, cela revient à :

$$\boxed{\frac{1}{2}\rho v_A^2 + \rho gz_A + p_A = \frac{1}{2}\rho v_B^2 + \rho gz_B + p_B} \qquad (4.10)$$

L'équation ci-dessus est appelée théorème de Bernoulli, et décrit la conservation de l'énergie le long d'une ligne de courant pour un fluide parfait (sans viscosité), en écoulement homogène, incompressible et permanent (l'hypothèse de stationnarité est nécessaire pour parler de conservation de l'énergie).

## 4.4  Relire un cours

Lorsque tu étudies un cours, il y a deux façons, presque diamétralement opposées, de n'y rien comprendre et de n'en rien retenir :

1. Ne pas être intéressé et penser complètement à autre chose
2. Recevoir trop d'informations d'un coup et avoir du mal à discerner l'important – ou quoi que ce soit, d'ailleurs

Ces deux façon de n'y rien comprendre peuvent être facilement contournées à l'aide de deux questions simples, auxquelles il suffit de répondre très brièvement (une phrase suffit, plus si l'inspiration est là) avec ses propres mots :

1. De quoi on parle, en fait ? (**Quoi ?**)
2. Pourquoi on parle de ça ? (**Et alors ?**)

Comment répondre à la question "*De quoi on parle, en fait ?*" ? Une bonne façon d'y répondre est d'imaginer que tu essaies d'expliquer à ta grand-mère, en une phrase, ce que tu étudies en ce moment.

Pour la question "*Pourquoi on parle de ça ?*" : une bonne façon d'y réfléchir est d'imaginer que ta grand-mère, après avoir plus ou moins attentivement écouté ton explication, finit par te demander avec un désintérêt croissant : "*Et alors ?? On apprend de ces choses de nos jours...*" À toi de trouver les mots pour lui arracher une exclamation satisfaite : "*Aaah, c'est pas si bête finalement*".

Le but de la première question ("*Quoi ?*") est de créer un cadre, une structure. Ça fera toute la différence entre n'avoir aucune idée (ou seulement une très vague idée) de ce que tu étudies, et avoir une structure solide sur laquelle attacher tout un tas de trucs utiles comme les exercices de TD, les rappels de cours et la lecture de ton cours. Sans cette structure, toutes les choses dont tu entendras parler à propos de ce cours, les formules et le reste, risquent fort de tomber dans le vide, si ce n'est dans les méandres brumeux de ta mémoire. Le but de la seconde ("*Et alors ?*") est de te donner au moins un exemple à garder en tête, au plus une motivation interne à essayer d'en savoir plus.

L'autre but, je l'admets, c'est de se donner le droit d'être feignant. Tout le monde se dit, à un moment dans la semaine : *"Ce week-end, je vais relire tout le cours, tout comprendre, wallah je suis un fou, je vais tout comprendre."* Puis venu le samedi matin, tout le monde se dit : *"Ouais, peut-être plutôt demain en fait, faut que je souffle là, puis j'ai la flemme."* Puis venu le lundi matin... Bon bref, tu vois très bien où je veux en venir. Je te propose d'essayer (vois comme j'y vais doucement) de remplacer cette chaîne malencontreuse d'évènements par quelque chose de moins ambitieux et de plus fonctionnel. Entre ton cours en amphi et le TD correspondant, pour ce qui est de la physique, tu as UNE mission ; ouvrir ton cours et répondre à mes deux questions. Ça devrait te prendre cinq minutes. Cinq toutes petites stupides minutes, et encore. Tu te remercieras plus tard.

Si tu fais ça, tu auras déjà de l'avance sur une bonne moitié de ta promotion. Si tu veux faire encore mieux, voici quelques idées :

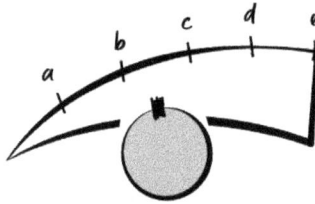

Potentiomètre 2 : Relire un cours

a- Je ne fais rien. Ce cours est chiant de toute façon.
b- Je me demande : Quoi ? Et alors ?
c- Je déniche les quelques équations les plus importantes du chapitre et je fais en sorte de comprendre ce qu'elle signifient.
d- En relisant le cours je note et essaie de répondre à toutes les interrogations qui me passent par la tête.
e- Je refais les démonstrations.

Il serait incomplet de ma part de quitter ce potentiomètre sans mentionner la méthode SQR3. Je garde ici le nom anglais car c'est très facile à trouver sur internet comme ça. Cette méthode est un gros char d'assaut : très prenante en terme de temps, mais extrêmement efficace en terme d'apprentissage. Si tu es courageux, je te laisse la découvrir[7] avec Google-sensei.

Tant qu'on y est, tu remarqueras que sur ce système de potentiomètre, tourner vers la droite ne signifie pas forcément abandonner les actions plus à gauche. Par exemple, relire tout le cours pour y dénicher les équations utiles sans se demander de quoi il parle est un peu débile. Cela dit, parfois il faut absolument effacer l'étape d'avant. Refaire les démonstrations et ne rien faire parce que c'est chiant sont deux choses incompatibles. Je suis sûr que tu sauras faire la différence.

Il est également possible que tu veuilles approfondir ton cours en lisant les chapitres associés de tes livres de physique préférés. Cela peut-être très intéressant, en te permettant de comparer des points de vue et des approches différentes. Certains calculs ou démonstrations sont aussi plus simples à suivre dans une ressource plutôt qu'une autre. Néanmoins, je n'ai pas placé cette façon de faire dans le potentiomètre car je la juge dangereuse, et ce pour deux raisons. La première est que cela peut prendre un temps très conséquent. La seconde est que la recherche constante d'une nouvelle façon extérieure d'expliquer un point de cours peut te décourager inconsciemment de creuser toi-même ce point et de trouver ton propre point de vue. Je te laisse juge !

---

7. Je n'ai pas utilisé la méthode SQR3 autrement que pour l'essayer, une ou deux fois, faute de courage, donc je préfère te laisser creuser par toi-même si tu le désires que de raconter n'importe quoi.

Revenons au petit cours page 133 et répondons ensemble à ces deux questions :

1. De quoi on parle, en fait ? (**Quoi ?**)

On parle des fluides qui bougent[8].

2. Pourquoi on parle de ça ? (**Et alors ?**)

Il y a plein de cas pour lesquels c'est utile : le vent sur le fuselage d'un avion, l'eau sous un bateau, les turbines d'un barrage, *etc.* Prenons l'exemple des barrages : on est bien contents d'avoir de l'électricité non ? En France, presque tout vient des centrales nucléaires, qui sont assez difficiles à arrêter et redémarrer, donc heureusement qu'on a des barrages, très faciles à mettre en marche et à arrêter rapidement. Lorsque peu de gens utilisent de l'électricité on peut remplir le lac au-dessus du barrage avec les surplus et, quand tout le monde s'y met à la fois, on met en route les turbines des barrages et on est tranquilles. Sans la mécanique des fluides, on aurait bien plus souvent des coupures d'électricité.

Tiens, un exemple de fluide qui bouge dans la vie de tous les jours :

Tu sais pourquoi ton rideau de douche se colle à toi le matin quand l'eau coule ? Une des théories plausibles est la suivante :

$$P_{\text{dans la douche}} = P_0 - \frac{1}{2}\rho v^2 \qquad (4.11)$$

Voilà.

**C'est ton tour : Peux-tu aller voir le cours que tu es en train d'étudier en ce moment et répondre à ces deux questions ?**

---

8. Inutile de faire compliqué.

## 4.5 Créer un monde intérieur

*L'imagination est plus importante que la connaissance.*
*Car la connaissance est limitée, tandis que l'imagination*
*englobe le monde entier, stimule le progrès, suscite l'évo-*
*lution.*

*— Albert Einstein*

Tu veux bien essayer un truc ? Lis ça :

*Les transits de Mercure devant le soleil sont historiquement impor-*
*tants. La trajectoire de Mercure devant le soleil, ainsi que les temps de*
*début et de fin du transit dépendent de la localisation de l'observateur*
*sur Terre. Ces variations selon la localisation de l'observateur, quant*
*à elles, dépendent de la distance de Mercure au soleil. Et si on connaît*
*la distance de Mercure au soleil, alors on peut connaître la distance*
*au soleil de toutes les planètes. En effet, la loi troisième loi de Kepler*
*dit que le carré de la période orbitale d'une planète autour du Soleil,*
*divisé par le cube de sa distance moyenne au Soleil est constante. Les*
*périodes orbitales des autres planètes étant bien connues, si on appre-*
*nait la distance au soleil d'une seule planète, on pouvait en déduire la*
*distance de toutes les autres.*

*— Traduction très approximative d'un passage de "Worlds Fantastic,*
*Worlds Familiar"* de Bonnie Buratti

Question : peux-tu me dire ce qu'il s'est passé dans ta tête en
lisant ce texte ? Pas nécessairement ce que tu as retenu, mais la
façon dont les mots sont entrés dans ton esprit ? Sous forme de
mots ? Sous forme d'images ? Quelque chose d'autre ?

Et donc, si je voulais essayer d'affiner ta compréhension de
ce premier texte sans que tu le relises, est-ce que ça t'aiderait si
je te disais que Mercure est la planète la plus proche du soleil ?
Ou que la troisième loi de Kepler s'écrit $T^2 = \frac{4\pi^2}{GM}a^3$ avec $M$ la
masse du soleil, $a$ le demi-grand axe de la trajectoire elliptique
de Mercure autour du soleil, et $T$ sa période de révolution ?

Je fais le pari que pas vraiment. Je parie que tout était un peu flou, que tu as surtout lu des mots plutôt que vu des images, que tu n'as franchement pas ressenti grand chose et que mes remarques à la fin te sont probablement passées au-dessus de la tête.

Bon, tu veux bien essayer un autre truc ? Lis ça :

*Et il y eut aussi une dernière surprise en l'honneur de Bilbon ; et elle saisit à l'extrême tous les Hobbits, comme le voulait Gandalf. Les lumières s'éteignirent. Une grande fumée s'éleva. Elle prit la forme d'une montagne vue dans le lointain, et elle commença de rougeoyer en son sommet. Puis elle cracha des flammes vertes et écarlates. S'envola un dragon d'or rouge – non pas grandeur nature, mais terriblement naturel d'aspect ; il y eut un rugissement, et il survola par trois fois les têtes de la foule, en sifflant. Tous se jetèrent face contre terre. Le dragon passa comme un express, se retourna en un soubresaut et éclata au-dessus de Lèzeau en une explosion assourdissante.*

*– "Le Seigneur des Anneaux"*

Même question : qu'est ce qu'il s'est passé dans ta tête en lisant ce texte ? Pas nécessairement ce que tu as retenu, mais la façon dont les mots sont entrés dans ton esprit ? Sous forme de mots ? Sous forme d'images ? De sensations ?

Je parie que cette fois c'était un peu différent, non ? Tu as probablement "vu" un dragon, peut-être que tu as manqué la couleur (rouge et or) mais au moins tu as quelque chose. Tu as probablement le vieux Gandalf quelque part dans le coin de ton esprit, et une foule de Hobbits.

Quelques informations en plus : Si je te disais par exemple que Lèzeau est le village des Hobbits au début du premier volet de la trilogie, est-ce que ça t'aide ? Soyons fous, je pourrais également te dire que pour faire un feu d'artifice rouge on utilise souvent des nitrates de strontium, de formule $Sr(NO_3)_2$ par exemple, et que pour la couleur or on peut ajouter du Fer, du Carbone ou du Souffre. Je pourrais ajouter que même si Gandalf est magicien, ça lui a probablement facilité la vie de trouver les bons composés chimiques pour la couleur, comme ça il a pu concentrer sa magie sur la forme du dragon.

Là, est-ce que ces informations supplémentaires te parlent, ne serait-ce qu'un peu plus ?

Alors, où est-ce que je veux en venir ici ? Qu'un bon livre de fiction est plus facile à lire qu'un livre de physique ? (Probablement, mais tu n'avais pas besoin de moi pour le savoir.)

Non, ce que j'essaie de dire, c'est que lorsque tu fabriques dans ta tête une image à partir des mots que tu reçois, qu'ils soient oraux, qu'ils viennent d'un tableau de cours, ou d'un bouquin, tout est beaucoup plus facile. Il est facile de stocker des informations dans l'image, il est facile de modifier l'image au gré des détails supplémentaires qui te sont donnés, voire de corriger l'image si tu l'avais imaginée un peu de travers au début. Il est facile de l'adapter à un problème similaire et facile de s'en souvenir. Ça vaut donc vraiment le coup d'essayer. Surtout parce que si tu te contentes de mots ça risque de finir par coincer, et en tout cas ça va te demander beaucoup d'efforts de mémorisation.

En bonus, si tu veux vraiment faire ça très bien : crée ton image et fais parler tes formules (de la même manière qu'on l'a vu dans le paragraphe 2.4 "Étapes finales") en même temps, de sorte que l'image et les formules se mêlent et forment un tout. Quand tu y arrives, c'est presque impossible à oublier. Peut-être que ce que je dis te paraît franchement bizarre, là, mais en fait je suis presque sûr que tu l'as déjà fait pour quelques petits bouts de cours.

La seconde loi de Newton $\vec{F} = m\vec{a}$ par exemple ? Tu peux la réécrire sous la forme $\vec{a} = \frac{\vec{F}}{m}$ et t'imaginer en train de pousser une boîte. Plus tu forces, plus la boîte va accélérer. Plus la boîte frotte sur le sol, moins elle va accélérer. Et si la boîte est lourde, elle sera plus difficile à faire accélérer (et ce d'autant plus que son poids élevé va augmenter les frottements avec le sol).

Alors oui, évidemment, il est bien plus difficile de former une image à partir d'un cours de physique que d'un passage de livre de fiction, mais tu as aussi beaucoup, beaucoup plus de temps pour le faire. L'étude d'un chapitre de physique se passe (idéalement) comme ça : tu commences par un cours de deux heures dans lequel on aborde un thème. Un peu plus tard, si tu en as la courage, tu passeras entre cinq minutes et une heure à relire tes notes et à réfléchir à ton cours. Ensuite, tu vas avoir un TD de deux heures sur le sujet. Plus tard, il y aura les révisions avant un examen, puis l'examen lui-même, puis souvent un deuxième examen sur le sujet. Les années suivantes tu vas probablement réutiliser le même chapitre comme partie d'un nouveau sujet plus complexe. Ou le revoir sous des angles différents, ou l'approfondir *etc.*

Au bas mot, tu as donc entre quatre et vingt heures pour former UNE image de ce sujet. Compare ça aux trois minutes que tu as pour former une image dans un livre de fiction avant de passer à l'action suivante !

En conclusion, souviens-toi que tes cours, livres, formules *etc.* ne sont que des symboles, qu'une passerelle vers ce qui compte vraiment : la compréhension du monde. Prend le temps de former une image, un petit monde intérieur, pour chaque sujet que tu étudies. C'est ce petit monde que tu pourras facilement réutiliser lors d'un examen, que tu pourras complexifier (ou simplifier !) et affiner au fil de tes études, ou plus longtemps si tu continues la physique. C'est ce petit monde qui rend tout plus intéressant, plus vivant et plus simple.

Tu n'as pas nécessairement besoin d'être face à ton bureau pour faire ça. Le métro, la rue, la salle de classe, ça marche aussi.

---

**Potentiomètre 3 : Créer un monde intérieur**

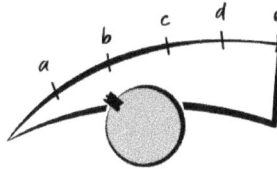

a- Je me contente d'aller en cours, c'est déjà pas mal.

b- Quand je lis un cours, quand je fais un exercice, je m'arrête quelques instants pour vraiment imaginer ce qu'il se passe.

c- J'essaie de penser à la physique que j'apprends, de temps en temps, sur le chemin du retour.

d- Je vais voir sur YouTube si il y a des vidéos en rapport avec mon cours.

e- Je lis des livres de vulgarisation en rapport avec mes cours, jusqu'à rêver de physique, la nuit.

---

## 4.6  La mémoire en physique

### 4.6.1  Ne sert pas à grand chose

Essayer de retenir des choses en physique, comme des formules ou des résultats "par cœur" n'est pas le meilleur usage de ton temps. Surtout, ça peut t'amener à des incompréhensions, des bêtises et un faux sentiment d'expertise. En plus, ce n'est franchement pas ce qu'il y a de plus sympa à faire. Comprendre est important, retenir l'est beaucoup moins.

Einstein disait même : "*Ne mémorise jamais une information que tu peux retrouver.*"

Maintenant, tu vas me répondre : "*Oui mais justement, je n'ai pas accès à des livres quand je suis en examen...*"
C'est vrai, alors je vais essayer de te donner une solution viable par rapport aux choses que tu penses devoir retenir :

### Les formules importantes

D'abord, un léger signal rassurant dont je t'ai parlé dans le chapitre sur les équations : il y a vraiment peu de choses à retenir, *a priori*. La physique a été faite et a évolué de telle sorte que l'on peut résumer 400 ans de connaissances en quelques équations. Voilà donc ce que tu dois essayer de retenir : **les quelques équations fondamentales qui te permettent de redémontrer tout le reste.** Il faut un peu de temps et d'expérience avant de pouvoir redémontrer rapidement tout ce dont on a besoin à partir de ce peu de choses, mais apprendre à le faire vaut vraiment le coup. Note que, d'ailleurs, c'est un peu toi qui décide ce qui est fondamental ou non, selon ce que tu trouves pratique pour retrouver le reste[9]. À partir de maintenant, j'appellerai cette petite bibliothèque grandissante (pas trop, si tu te débrouilles bien) d'équations, qui te sont personnelles, **les *équations maîtresses*.** En plus de ça, il y a toujours une foule de petites choses dont tu te souviens sans forcément le savoir, ce qui m'amène à répondre à la question suivante :

Que faire si on oublie quand même l'une de ces équations "fondamentales" ? Une façon de voir les choses, peut-être encore

---

9. C'est pour ça que je t'ai mis en garde à propos de l'idée d'apprendre par cœur les équations (2.6). Celles-là, ce sont celles que je trouve pratiques mais ce n'est pas le seul choix possible et peut-être pas le choix idéal pour toi.

plus rassurante, est celle de Feyman. Il explique que, justement, une des beautés de la physique est qu'il n'y a pas vraiment de super équations fondamentales et que tout, ou presque, peut se retrouver à partir de tout, ou presque. Il compare la mémoire humaine à un groupe de petites étoiles, qui ont une tendance à s'éteindre toutes seules au fil du temps. Si on arrive à faire ce qu'il appelle de la "triangulation", c'est-à-dire à retrouver les étoiles éteintes grâce aux étoiles encore allumées, il n'y a aucun problème.

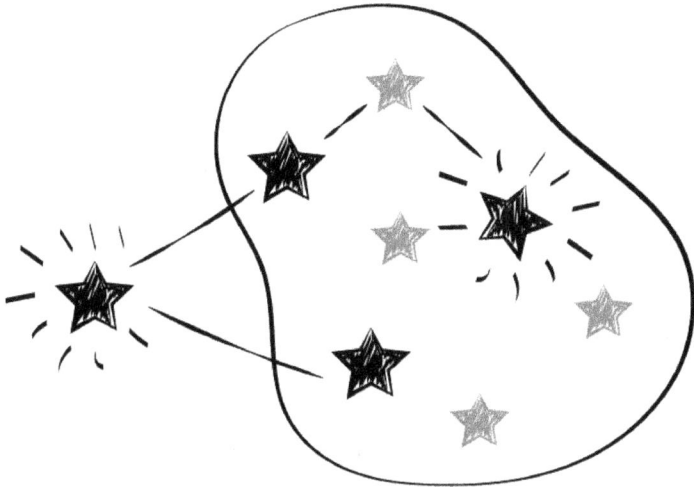

Cette idée est d'autant plus intéressante que, une fois sorti de l'université ou même plus tôt, si on a joué à ce jeu suffisamment longtemps et suffisamment bien, trouver une nouvelle étoile hors du cercle des connaissances de l'humanité, ne devrait pas être si différent.

### Les hypothèses des formules

Ensuite, tu vas me dire : *"Ok, j'ai compris le coup des équations, il n'y en a pas beaucoup, blablabla. Mais les hypothèses ! Tu te rends compte du nombre d'hypothèses qu'il y a ? Pour tout et n'importe quoi !"*

Par exemple, il est vrai que, dans sa version la plus communément utilisée, le théorème de Bernoulli implique pas mal d'hypothèses :

Le théorème s'applique le long d'une ligne de courant, pour un fluide parfait et homogène, en écoulement stationnaire et incompressible.

Et ce n'est qu'avec ces hypothèses qu'on peut écrire :

$$\frac{1}{2}\rho v_A^2 + \rho g z_A + P_A = \frac{1}{2}\rho v_B^2 + \rho g z_B + P_B \qquad (4.12)$$

Et c'est vrai que c'est un peu intimidant si chaque chapitre et chaque équation doit s'accompagner d'une petite armée d'hypothèses. Néanmoins, tous ces mots ont un sens et on peut s'habituer à leur signification. Avec un tout petit investissement sur ta compréhension, tu peux alors rendre leur mémorisation inutile ou, à défaut, moins pénible.

Une bonne façon de le faire est de démontrer, au moins une fois, la formule en question sans regarder son cours. L'idée est de le faire comme si c'était un exercice. Pour arriver jusqu'à la formule, il va falloir faire des hypothèses, qui se trouvent être exactement les hypothèses d'application de cette formule.

À titre d'exemple, essayons de démontrer le théorème de Bernoulli en partant de l'équation de Navier-Stokes :

**Exercice 9** (Démonstration du théorème de Bernoulli) :

Pour un fluide en écoulement incompressible, on peut écrire :

$$\rho \left( \frac{\partial \vec{v}}{\partial t} + \vec{v} \cdot \overrightarrow{\text{grad}}(\vec{v}) \right) = -\overrightarrow{\text{grad}}(P) + \rho \vec{g} + \eta \overrightarrow{\Delta} \vec{v} \quad (4.13)$$

Démontrer le théorème de Bernoulli en introduisant les hypothèses nécessaires (le théorème s'applique le long d'une ligne de courant, pour un fluide parfait et homogène, en écoulement stationnaire).

On pourra s'aider de la formule d'analyse vectorielle suivante :

$$\frac{1}{2}\overrightarrow{\text{grad}}(\overrightarrow{A}^2) = 2(\overrightarrow{A} \cdot \overrightarrow{\text{grad}})(\overrightarrow{A}) + 2\overrightarrow{A} \times \overrightarrow{\text{rot}}(\overrightarrow{A}) \qquad (4.14)$$

Une autre bonne façon de retenir ou de retrouver les hypothèses est d'écrire la formule sans les regarder, puis de se demander ce que tout ça signifie.

$$\frac{1}{2}\rho v_A^2 + \rho g z_A + P_A = \frac{1}{2}\rho v_B^2 + \rho g z_B + P_B \qquad (4.15)$$

Les termes à gauche représentent l'énergie volumique contenue dans le fluide au point A. Comment s'en rendre compte ? Soit en faisant un peu d'analyse dimensionnelle, soit en se contentant de remarquer que $\frac{1}{2}\rho v_A^2$ ressemble furieusement à une énergie cinétique, $\rho g z_A$ à une énergie potentielle de pesanteur, mais avec des masses volumiques plutôt que des masses, et puis espérer que $P$ aussi, représente une énergie volumique.

Pareil pour les termes de droite. C'est l'énergie volumique en B. Donc, l'énergie en A et l'énergie en B sont les mêmes, puisqu'elles sont de part et d'autre d'un signe égal. Cela signifie qu'il y a eu conservation de l'énergie volumique. Conservation de l'énergie ... Ça, ce n'est vrai que s'il n'y a pas de pertes non ? Donc il faut un fluide qui ne perde pas d'énergie par frottements. Et donc... Un **fluide parfait**! Un fluide parfait étant, par définition, un fluide qui ne perd pas d'énergie lors de son écoulement.

Nous avons donc "découvert" la première hypothèse! Remarque que, même si tout ça prend longtemps à écrire et à expliquer cette fois-ci, la prochaine fois que tu seras seul face au théorème de Bernoulli, cette réflexion te prendra probablement moins de trois secondes.

Peut-on trouver les autres hypothèses de la même façon ?

L'**écoulement permanent** est facile : rien ne dépend du temps dans notre équation.

Le rôle de l'**incompressibilité** est un peu plus subtil. Ajoutée à l'hypothèse de fluide parfait, l'incompressibilité implique la conservation de l'énergie volumique. C'est un peu plus fort que la conservation de l'énergie tout court. Parce que, si tu prends une boule avec une certaine quantité d'énergie dedans, puis que tu compresses cette boule. Il y aura toujours la même quantité d'énergie dedans mais l'énergie volumique y sera plus importante (puisque ta boule prend maintenant un volume plus petit). Alors que si on prend une boule incompressible, la question ne se pose plus : on ne peut pas compresser la boule.

Enfin, **homogène**. Pour cette hypothèse, c'est plus une question de se faciliter la vie qu'autre chose. On prend un fluide homogène de sorte que sa densité de masse $\rho$ ne dépende pas de la position. On pourrait tout aussi bien ne pas le faire et écrire le théorème ainsi :

$$\int_A^B \rho \left\{ \vec{v} \cdot \overrightarrow{\text{grad}}(\vec{v}) \right\} \cdot \mathrm{d}\vec{l} = -\int_A^B \left\{ \overrightarrow{\text{grad}}(P) + \rho\, \vec{g} \right\} \cdot \mathrm{d}\vec{l} \quad (4.16)$$

C'est un peu moins sympa. Disons que (puisqu'on essaie seulement de retrouver les hypothèses de tête sans passer par une démonstration compliquée) d'un coup d'œil sur l'équation (4.15) on constate tout de suite que $\rho$ ne dépend pas de la position puisqu'on n'a pas écrit $\rho_A$ ou $\rho_B$, donc on doit probablement avoir besoin de l'homogénéité.

Voilà pour cette introduction "pratique" à la façon de retenir les hypothèses en physique : chercher avant tout à les comprendre, soit en les utilisant pour redémontrer les formules, soit en se demandant sincèrement ce qu'elles signifient. Cela permet d'économiser un grand effort de mémoire car les mots ont un sens et ne sont pas arbitraires. Il y a donc une structure sous-jacente aux choses qu'il faut apprendre, ce qui facilite énormément la mémorisation une fois qu'on l'a identifiée. Une fois qu'on a compris quelque chose, on ne régurgite plus des mots qu'on s'est forcé à retenir mais on écrit les mots dont on a besoin, réinventant, en permanence, la physique.

D'ailleurs, "oublier", c'est perdre de l'information ou ne plus être capable d'y accéder. Au contraire, "décomprendre", ça n'existe pas.

### 4.6.2 Mais peut être utile quand même

Une brève introduction à la façon dont fonctionne la mémoire :

On parle de deux grands types de mémoires distinctes : la mémoire de travail et la mémoire à long terme.

Nous avons rapidement parlé de la mémoire de travail dans le paragraphe 3.1.2 mais, pour rappel, c'est celle qui nous permet de garder environ quatre idées en tête en permanence. C'est aussi une mémoire qui s'efface extrêmement rapidement. Elle est là pour conserver quelques idées utiles à effectuer un travail.

La mémoire à long terme, elle, a des capacités de stockage incroyables (quoique souvent étranges puisqu'elle peut décider de modifier des souvenirs, rendre inaccessibles certaines informations, attacher des émotions à d'autres qui n'en méritaient pas franchement, ou t'en rappeler certaines avec une insistance malvenue, comme cette chanson insupportable qui ne te quitte pas depuis trois jours). Les chercheurs débattent encore de savoir si elle est infinie ou non, tandis que certains parlent d'une capacité équivalente à 100.000 ans de vidéo, ce qui revient au même en pratique.

Lorsqu'on apprend quelque chose, notre objectif est de faire passer cette chose de notre mémoire de travail à notre mémoire à long terme. Cela prend un peu d'efforts, pour la bonne raison que notre cerveau cherche par défaut à retenir le moins de choses possible, afin de ne retenir que ce qui est important pour lui – l'important étant très subjectif.

Pourquoi ne garde-t-il que l'important? Imagine un peu si tu te souvenais de la couleur de chaque porte que tu as croisé dans ta vie? Du nombre d'insectes que tu as vu?

Le cerveau filtre, donc, et pour faire entrer quelque chose dans la mémoire à long terme, il faut le convaincre que cette chose qu'on veut y faire entrer est importante.

Pour ce faire, il y a plusieurs facteurs qui entrent en jeu : le **temps** passé avec la chose, le **nombre de fois** qu'on l'a vue, l'**émotion** associée à cette chose, qui peut par exemple provenir de la beauté qu'on y trouve, ou de l'**utilité** qu'on en tire. Enfin, il faut s'être **concentré** sur la chose. Il y a probablement tout un tas de choses que tu as vu un grand nombre de fois dans ta vie sans les avoir retenues.

Je ne sais pas, moi, connais-tu la couleur des yeux de tes meilleures amies?

En revanche, quelque chose d'utile, disons... la poubelle de ta chambre. Tu connais probablement sa forme, sa couleur, tu as une idée de son poids et surtout tu connais tellement parfaitement sa position que tu n'es probablement même pas obligé de la regarder avant d'y lancer un truc. Le pouvoir de la répétition et de l'utilité combinées!

Cela nous donne déjà un guide pour retenir quelque chose plus facilement (un seul des points suivants sera rarement suffisant, mais deux feront en général l'affaire) :

- Il faut être concentré. Normalement, si tu as à peu près compris les quatre étapes et les intègres dans ta manière de faire de la physique, ça ne devrait pas être si difficile.

- Il faut essayer d'attacher des émotions à ce qu'on étudie. On en reparlera plus tard.

- Y passer du temps. C'est important également : on ne peut pas espérer retenir quelque chose sans ça, évidemment. Cela dit ce n'est plus le seul facteur à prendre en compte, ce qui devrait te rassurer, quelque part, non ?

- Le revoir plusieurs fois. Un minimum de sérieux devrait suffire à ce que la structure même de tes études assure cette répétition. Par exemple en lisant le cours, puis en faisant les exercices associés chez soi, puis en les corrigeant en cours, puis en révisant pour une colle, puis en passant une colle, puis en révisant pour un examen, puis en passant un examen.

- Y chercher une utilité. C'est pourquoi se demander "*Et alors ?*" régulièrement est important.

Cela nous ramène à cette idée de ne chercher à retenir que les équations vraiment importantes en débarrassant sa mémoire de tout ce qu'on peut retrouver relativement rapidement. Si à chaque fois que tu as besoin d'une formule, tu la redémontres à partir d'une des équations de ta liste personnelle des *équations maîtresses*, tu vas passer de fait, automatiquement, plus de temps avec ces *équations maîtresses*. Tu vas les trouver utiles et les revoir souvent. Elles vont donc rester. Elle vont s'ancrer profondément, jusqu'à avoir été internalisées et que tu les connaisses par cœur.

## 4.7   Préparer ses TD

Avant de commencer le débat sur la façon de préparer ou non ses TD, j'aimerais juste être sûr qu'on est d'accord sur quelque chose : **Il est impossible d'apprendre la physique**

**sans faire soi-même des exercices**. Il faut donc que tu trouves un moment pour en faire, que ce soit avant, pendant ou après la séance de TD, ou encore pendant ta révision de l'examen importe peu, mais il faut que tu trouves un moment pour en faire. Maintenant que ce point est établi, discutons entre gens civilisés.

Je crois que la question de faire ou non ses TD en avance est une question assez débattue. Certains professeurs pensent que voir les exercices être bien faits par quelqu'un d'autre avant de se lancer soi-même est important afin d'assimiler la bonne démarche. Typiquement, ils corrigent le premier exercice eux-même avant de laisser les étudiants réfléchir pendant la séance de TD, ou envoient les étudiants au tableau mais en les aidant le long de l'exercice. D'autres, au contraire, pensent que chercher à résoudre les exercices soi-même est le seul moyen d'apprendre convenablement. Ils peuvent être très stricts à ce propos et, si tu n'as pas préparé tes exercices avant de venir, tu risques au mieux une séance désagréable à te cacher derrière ta voisine de devant, au pire une humiliation publique.

Comme j'ai décidé d'être honnête, et tant pis si mes anciens professeurs lisent ce livre, je n'ai quasiment jamais préparé mes TD avant de m'y rendre. Même quand mes professeurs faisaient partie de ceux qui voulaient absolument que je le fasse. Je suis donc assez expert des deux désagrément cités au paragraphe précédent, et de toutes les nuances entre les deux. Maintenant, est-ce que j'ai une bonne excuse pour ça ? Non, j'ai juste toujours eu la flemme. Est-ce que je peux justifier cette flemme ? Non plus ! Est-ce que je t'encourage à faire la même chose ? Pas vraiment, mais ça dépend. Est-ce que c'est grave de ne pas préparer ses TD ? Eh bien, Ça dépend !

Ça dépend beaucoup de ton professeur. Certains professeurs corrigent les TD tellement vite que si tu n'as pas au moins essayé de t'y plonger avant la séance, tu vas nécessairement perdre ton temps. Et s'il exige que tu les prépares en avance, c'est probablement une bonne idée de le faire. Dans ces deux cas, sans préparation tu risques de perdre ton temps à être à la traîne et/ou stressé en TD et, comme on l'a déjà mentionné lorsqu'on a parlé d'amphi, perdre le temps que tu passes en "cours" est vraiment dommage.

Pour ma part, je ne trouve pas que préparer les TD à l'avance, si le professeur n'y tient pas plus que ça et que le rythme des séances n'est pas trop effréné, soit particulièrement nécessaire. D'ailleurs, si le professeur laisse les étudiants réfléchir tranquillement et que tu as déjà préparé tes TD, tu risques de t'ennuyer et de perdre ton temps. Ce qui compte à mon sens est de faire en sorte que la séance elle-même soit enrichissante. Parfois, comme expliqué plus haut, cela passe par une bonne préparation et d'autres fois, c'est le contraire, tout dépend de la situation!

Enfin, ce qu'il est bon de réaliser, c'est que "préparer ses TD" peut avoir une assez large gamme de significations. Comme pour tout le reste, tu peux lier un potentiomètre à la préparation de TD selon tes envies, ton énergie, ta flemme et les notes qu'il te faut pour être heureux.

Tout cela nous amène à l'idée que, dans la mesure du possible, les réglages des potentiomètres doivent aussi être adaptés à ton environnement.

## Potentiomètre 4 : Préparer ses TD

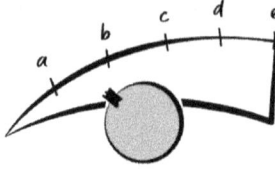

a- Nope, pas pour moi.

b- Je lis les énoncés attentivement en me demandant de quoi ils parlent. Je peux même sortir une feuille et écrire le titre du TD dessus, ça me permettra de démarrer plus vite pendant la séance.

c- Avec mon cours proche de moi, j'essaie de résoudre le premier exercice. Si je bloque, je peux noter quelques questions dans un coin, que je poserai à mon professeur à la séance suivante.

d- Avec mon cours proche de moi, j'essaie de résoudre les quelques premières questions de chaque exercice. Si je bloque, je peux noter quelques questions dans un coin, que je poserai à mon professeur à la séance suivante.

e- Manches retroussées, je fais tout. Si je bloque, je peux noter quelques questions dans un coin, que je poserai à mon professeur à la séance suivante.

## 4.8  TD à préparer : Mécanique des fluides

Voici un TD que tu peux t'amuser à préparer, ou non. Il sera corrigé quelques pages plus loin et l'énoncé sera répété. L'idéal ici serait que tu essayes de faire ce que tu ne fais pas d'habitude, pour voir comment tu te sens. (*C.à.d* ne pas le préparer si tu as l'habitude de le faire, ou le préparer si tu es plutôt du genre à te pointer en TD sans avoir lu l'énoncé.)

---

**Exercice 10** (Barrage hydroélectrique) :

(Cet exercice est adapté d'un sujet de BTS 1998)
Une des conduites forcées reliant un barrage hydraulique à une turbine a un diamètre de 1,60 m. Le point A du barrage est à une altitude de $Z_A = 1597$ m et à la pression atmosphérique $P_0$. Le point B, avant la turbine est à une altitude $Z_B = 787$ m et à la pression $P_B$. On néglige la viscosité de l'eau ainsi que les pertes de charges.

1.  Écoulement du liquide sans turbine
    (a)  Le débit $Qv$ en B est de 72 000 m³.h⁻¹. Calculer le débit massique $Qm$ en kg.s⁻¹.

    (b)  Quelle est la vitesse d'écoulement en B, $v_B$ ?

    (c)  En utilisant le théorème de Bernoulli entre A et B, calculer la pression $P_B$ en B.
2.  Étude de la turbine

(a) À la sortie C de la turbine la vitesse $V_C$ de l'eau est négligeable, et sa pression est égale à la pression atmosphérique $P_0$. Calculer l'énergie $E$ fournie à la turbine par chaque kilogramme d'eau.

(b) La turbine entraîne un alternateur, le rendement de la turbine est de 90%, celui de l'alternateur est de 96%. Calculer la puissance électrique disponible à la sortie de ce barrage.

(c) On trouve dans un document une formule "pratique" qui donne directement la puissance électrique $P_{élec}$ d'une chute d'eau :
$P_{élec} = 8.Q.H$ avec $P_{élec}$ en kW ; $Q$ en $m^3.s^{-1}$ ; et $H$ en m.
Calculer $P_{élec}$ et comparer avec le calcul de la question précédente.

## 4.9  En TD

Les TD ne sont pas toujours faciles à suivre, je l'admets, et cela dépend en grande partie du professeur qui s'en charge. Certains professeurs font la correction au tableau et tout va trop vite pour pouvoir penser soi-même donc on se retrouve à recopier sans réfléchir. D'autres professeurs te laissent dans la panade et il peut être assez frustrant de tourner en rond si tu ne sais pas dans quelle direction aller ; à l'inverse, c'est très intéressant lorsque tu parviens à résoudre le problème toi-même. Enfin tout un tas d'autres professeurs font complètement autre chose. Puisque le style de ton professeur importe énormément, je ne peux pas prédire dans quelle situation tu vas te retrouver. Ce que je peux dire en revanche, c'est que les TD sont l'occasion parfaite d'appliquer, ou de voir être appliquées, les quatre étapes qui sont au cœur de ce livre et de la physique : imaginer la situation décrite par l'énoncé, écrire les équations la décrivant, mener à bien les calculs, puis vérifier et interpréter les résultats obtenus.

Fais de ton mieux pour essayer de les utiliser ou de les reconnaître – au moins d'y penser. En effet, quel que soit le style
de ton professeur, les TD restent des exercices/problèmes, auxquels les quatre étapes s'appliquent. De plus, ils fournissent souvent des exemples d'application de ton cours qui rendent celui-
ci moins abstrait et qui peuvent grandement t'aider à mieux saisir "pourquoi ce cours existe".

Tout comme celui passé en amphi, le temps que tu passes en
TD ne peut pas être utilisé pour faire du skateboard, de la guitare ou de la peinture sur toile. Autant l'utiliser pour essayer de
penser à la physique.

Quel qu'en soit le format, il y a deux objectifs principaux
à garder en tête lors d'un TD : **Utiliser le temps de TD pour
réfléchir** et **avoir la correction du TD** [10].
    J'ai tendance à penser que la réflexion est de loin l'objectif le
plus important, mais il est vrai qu'avoir la correction peut être
très utile lors de révisions. Cela dit, on peut souvent s'arranger
pour récupérer les corrections auprès de camarades ou auprès
du professeur qui s'occupe des TD.

Malgré cela, je sais que certains étudiants, et c'est très bien,
aiment prendre des corrections parfaites, sans aucune rature.
C'est très bien si et seulement si ça n'empêche pas de réfléchir,
or pour réfléchir, pouvoir griffonner quelque part est vraiment
utile. Si tu fais partie de cette catégorie d'étudiants, je te recommande vraiment d'avoir quelques feuilles de brouillon sur la
table. Ça t'aidera à éviter les temps morts où tu attends que la
correction au tableau avance tandis que ton cerveau est vide. Et
puis qui sait, peut-être y noteras-tu quelque chose d'inattendu
et d'intéressant que tu pourras recopier, au propre, dans ta belle

---

10. Il y a un autre objectif extrêmement important, qui est de te permettre
d'identifier les parties importantes de ton cours et les formules utiles. Cet
objectif sera atteint tout naturellement (de manière presque inconsciente) si
tu fais attention aux deux autres.

correction ?

---

**Potentiomètre 5 : En TD**

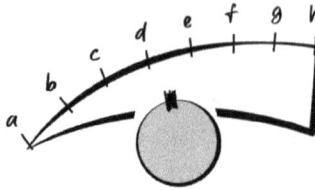

a- Je ne viens pas.

b- Je viens et je ne fais rien. Peut-être que, par osmose, quelque chose rentrera.

c- Je note la correction.

d- J'imagine la situation physique, et suit comment l'exercice se déroule autour d'elle.

e- J'imagine et je note la correction.

f- J'imagine, vérifie les résultats et note la correction.

g- J'imagine, écris les équations, vérifie. Et je note la correction.

h- J'imagine, écris les équations, calcule, vérifie. Et je note la correction.

---

Tu auras certainement remarqué que je t'encourage à effectuer les quatre étapes – quelle surprise. Je t'encourage surtout à imaginer. Pourquoi ? Parce que c'est ce qui prend le moins de temps et c'est la phase qui permet le mieux de comprendre ce que raconte celui qui corrige le TD, ainsi que les discussions et questions dans la classe. C'est important parce que si tu n'imagines pas, tu ne pourras pas suivre ce qui se dit dans la classe. Si tu n'as pas une image de la situation physique décrite par l'exercice, tu seras presque obligé de bloquer mentalement tous les sons et mots qui se promènent dans la salle. Si tu bloques tout, tu perds tout ce qui rend un TD "en classe" intéressant : tu serais mieux à la bibliothèque (si tu y travailles, évidemment). Si te contenter d'imaginer est trop facile et que tu as le sentiment de pouvoir en faire plus, libre à toi ! (Tant que tu imagines !)

## 4.10  TD corrigé : Mécanique des fluides

Afin de prétendre que tu assistes à un vrai TD, je vais coller la correction aux exercices. Le jeu est de réussir à réfléchir malgré l'accessibilité presque agressive des solutions.

> **Exercice 10** (Barrage hydroélectrique) :

(Cet exercice est adapté d'un sujet de BTS 1998)

Une des conduites forcées reliant un barrage hydraulique à une turbine a un diamètre de 1,60 m. Le point A du barrage est à une altitude de $Z_A = 1597$ m et à la pression atmosphérique $P_0$. Le point B, avant la turbine est à une altitude $Z_B = 787$ m et à la pression $P_B$. On néglige la viscosité de l'eau ainsi que les pertes de charges.

1. Écoulement du liquide sans turbine

   (a) Le débit $Qv$ en B est de 72 000 m$^3$.h$^{-1}$. Calculer le débit massique $Qm$ en kg.s$^{-1}$.

   Solution :
   $Q_m = \rho Q_v$ avec $\rho = 1,0$kg.L$^{-1}$
   $Q_m = 1 \times 72\,000$ kg.L$^{-1}$.m$^3$.h$^{-1}$
   $Q_m = 72\,000$ kg.$(\frac{1}{1000}$m$^3)^{-1}$.m$^3$.$(3600$s$)^{-1}$
   $Q_m = 72\,000.10^3.\frac{1}{3600}$ kg.m$^{-3}$.m$^3$.s$^{-1}$
   $Q_m = 2,0 \cdot 10^3$ kg.s$^{-1}$

   (b) Quelle est la vitesse d'écoulement en B, $v_B$ ?

   Solution :

$$Q_v = v_B . \pi \left(\frac{d}{2}\right)^2$$

$$v_B = \frac{Q_v}{\pi \left(\frac{d}{2}\right)^2}$$

$$v_B = 9,9 \text{ m.s}^{-1}$$

(c) En utilisant le théorème de Bernoulli entre A et B, calculer la pression $P_B$ en B.

Solution :

$$P_B = P_0 + \rho g(z_A - z_B) - \tfrac{1}{2}\rho v_B^2$$
$$P_B = 80 \text{ bars}$$

2. Étude de la turbine

   (a) À la sortie C de la turbine la vitesse $V_C$ de l'eau est négligeable, et sa pression est égale à la pression atmosphérique $P_0$. Calculer l'énergie $E$ fournie à la turbine par chaque kilogramme d'eau.

   Solution :

   $$E = P_B + \tfrac{1}{2}\rho v_B^2 - P_0$$
   $$E = 7,9 \text{ kJ/kg}$$

   (b) La turbine entraîne un alternateur, le rendement de la turbine est de 90%, celui de l'alternateur est de 96%. Calculer la puissance électrique disponible à la sortie de ce barrage.

   Solution :

   $$P_{\text{sortie}} = \eta_{\text{turbine}} . \eta_{\text{alternateur}} . P_{\text{entrée}}$$
   or $P_{\text{entrée}} = Q_m . E$

   donc    $P_{\text{sortie}} = \eta_{\text{turbine}} . \eta_{\text{alternateur}} . Q_m . E$    soit
   $$P_{\text{sortie}} = 1,37 \cdot 10^2 \text{ MW}$$

   (c) On trouve dans un document une formule "pratique" qui donne directement la puissance électrique $P_{\text{élec}}$ d'une chute d'eau :

   $P_{\text{élec}} = 8.Q.H$ avec $P_{\text{élec}}$ en kW ; $Q$ en m$^3$.s$^{-1}$ ; et $H$ en m.

   Calculer $P_{\text{élec}}$ et comparer avec le calcul de la question précédente.

   Solution :

   $$P_{\text{élec}} = 1,30 \cdot 10^2 \text{ MW}$$

Les deux résultats sont presque identiques mais $P_{\text{élec}}$ obtenue avec la formule "pratique" est légèrement inférieure. Cela vient probablement du fait que cette dernière formule, conçue pour être utilisée par des ingénieurs, inclut les effets réels de perte de charge. L'énergie disponible en réalité est donc légèrement inférieure à ce que la théorie idéale prévoit.

## 4.11  Détester son prof

Tu détestes ton prof. Tu ne comprends rien à ce qu'il raconte, tu n'aimes pas ses blagues et il te met mal à l'aise. Alors quoi ? Il y a une métaphore un peu foireuse à laquelle j'aime penser dans ce genre de situation :

Ce que tu veux apprendre, c'est une sorte d'île assez cool, pleine de choses intéressantes, de vieux arbres compliqués, d'animaux bizarres, de barbecues et de fûts de bière (bref, je m'imagine une île cool – les détails importent peu du moment que ça a l'air sympa). Le professeur est un pont qui te mène de là où tu es jusqu'à l'île en question. Dans l'hypothèse du prof que tu détestes, le problème vient du pont. Le fait que le pont soit merdique ne donne vraiment pas envie, certes, mais il faut bien voir que c'est le pont qui est merdique, pas l'île.

Les paragraphes qui suivent sont destinés aux universitaires, pour qui la liberté est plus grande. Pour les étudiants en prépa, je conseille d'arrêter la lecture ici et de continuer à s'accrocher avec le professeur jusqu'à atteindre l'île.

En pratique, qu'est-ce que ça veut dire ? Eh bien, ça veut dire qu'à l'université, il est de bon ton d'essayer de suivre, d'essayer vraiment au maximum, et pendant au moins deux cours. Il s'agit d'essayer d'oublier le professeur lui-même et de voir s'il peut nous permettre d'accéder aux connaissances qu'il est censé nous transmettre. Si ça ne marche pas du tout, on entre en eaux troubles mais rien n'est perdu.

As-tu accès à un polycopié ? Aux cours d'anciens camarades ? Au pire, à un livre qui parle de la même chose à peu près au même niveau ? (Il s'agit de ne pas lire un livre de niveau M2 pour remplacer une UE d'une trentaine d'heures de L1 ou L2).

Maintenant, le jeu est de ne pas laisser ton cerveau te convaincre d'utiliser comme excuse ton mauvais professeur pour rester au lit ou rentrer chez toi plus tôt. Tu es censé être en cours à cette heure là et, avant d'avoir rencontré ce professeur, c'est probablement quelque chose que tu avais accepté.

Je propose deux solutions :

La première : aller en cours, te mettre au fond de la salle avec le poly/le cours d'une année précédente/le livre et travailler tout seul. La meilleure façon de faire pour ne pas être perturbé par le cours en train de se dérouler est de travailler sur les mêmes chapitres en même temps. Si tu as lu le cours plus vite que le professeur l'a expliqué, temporise en faisant des exercices. Si tu as traîné un peu, tant pis, note où tu as dû faire une pause dans le cours, et passe au chapitre suivant. Cette organisation permet à ce que tu lis et au bruit de fond de la classe d'être en résonance. Sans ça, suivre l'un ou l'autre relève de l'exploit.

La seconde : aller à la bibliothèque ou tout autre endroit dans lequel tu es certain de travailler pour la durée du cours que tu rates. Demande à un camarade de classe à peu près où ils en sont dans le vrai cours et arrange toi pour suivre à peu près le rythme du cours. Cela t'aidera à ne pas te perdre complètement dans un livre trop long ou un peu hors sujet, ou encore à ne pas te perdre dans ta flemme.

Dans les deux cas, rester proche du programme de ton cours est très important. En L3, j'ai complètement raté une UE de relativité restreinte en ne suivant pas ce conseil.

J'avais raté les deux ou trois premiers cours en ne me réveillant pas le mercredi matin (faire une soirée le mardi soir n'est jamais bien malin). Après coup, j'ai voulu rattraper tout seul. J'ai donc pris un livre et j'ai essayé de faire les choses de mon côté en ignorant complètement ce qui était fait en cours. Ça n'a pas marché du tout. J'ai lu des choses à un niveau bien trop avancé qui ont fini par complètement me perdre. Alors j'ai recommencé du début avec un autre livre plus simple et, avant que je le sache, c'était l'heure de l'examen. Devine ce qu'il s'est passé ?

Pendant mon Master, je me suis retrouvé face à une situation similaire et j'ai été moins stupide. Je trouvais un de mes cours particulièrement ennuyeux en classe. Le professeur passait trop de temps sur des choses que je trouvais simples et allait bien trop vite sur des choses que je trouvais vraiment difficiles. J'avais du mal à suivre sa prose et j'avais tendance à m'endormir en cours. J'ai donc décidé d'arrêter d'y aller. J'ai pu récupérer un polycopié d'une année précédente et j'allais à la bibliothèque ou bien je travaillais chez moi pendant ses heures de cours. En me demandant le plus souvent possible de quoi on parlait, pourquoi c'était intéressant et en faisant les calculs ainsi qu'un petit résumé du cours pour moi-même, j'ai fini par apprendre le cours, le trouver intéressant et m'en sortir honorablement à l'examen [11]. Il faut être extrêmement prudent avec l'idée de ne pas aller en cours. Je connais extrêmement peu d'étudiants qui arrivent à s'en sortir sans être présents en cours et en TD. L'autre souci majeur de cette méthode est que, de toute évidence, le professeur que tu évites ne te connaît pas. Il ne pourra donc pas te défendre, voir d'un bon œil que tu demandes des points supplémentaires suite à une correction litigieuse, et pourra encore moins t'écrire une lettre de recommandation si jamais tu en as besoin. En conclusion, ce n'est pas une route que je recommande mais, bon, ça peut arriver et, si tu t'y prends bien, ce n'est pas nécessairement dramatique.

---

11. Enfin, quand je dis honorablement, ce n'était pas non plus particulièrement glorieux. C'est passé, quoi.

La clé est vraiment la suivante : souviens-toi que ton objectif est d'arriver sur l'île aussi rapidement que tes camarades de classe. Si le pont qu'on te propose est impraticable, trouves-en un autre pas trop éloigné et arrange toi pour ne pas prendre trop de retard.

## 4.12  Être complètement largué

Il y a un problème assez proche de celui où tu n'aimes pas ton professeur : c'est celui où tu es complètement largué. La conséquence est la même, car tu ne peux/veux pas suivre le cours qui t'es proposé.

Pendant ma préparation à l'agrégation, une situation embêtante s'est présentée. J'avais toujours été pitoyable en chimie et ce depuis ma naissance. Sauf que pour passer l'agrégation de physique-chimie, eh bien, il faut savoir faire de la chimie et à un vrai bon niveau. Bien décidé à m'en sortir, je me suis promis d'aller à tous les cours... Il est bien vite devenu évident que le niveau des cours était bien trop élevé pour moi. La salle était remplie de gens sérieux dont la moitié avait fait une classe prépa PC (Physique-Chime), avec beaucoup de chimie, tandis que je venais d'une PSI (Physique-Science de l'Ingénieur). Impossible de suivre, donc. Les discussions et anecdotes m'étaient complètement hors de portée. J'ai donc pris le polycopié, je me suis mis dans un coin et j'ai fait de mon mieux. J'essayais simplement d'écouter quand la professeur faisait des remarques générales ou faisait l'introduction d'un chapitre. Dès que ce qu'elle disait devenait trop compliqué pour moi je me plongeais dans le polycopié.

Avec ça et un peu d'aide d'une amie de temps à autre, ça a fini par fonctionner et j'ai réussi à m'en sortir.

Autre chose que je trouve utile dans ce cas, c'est de passer un peu de temps en plus à réfléchir au sujet (une idée de génie, je sais).

Cela ne veut pas nécessairement dire "s'asseoir des heures avec le cours et essayer de se l'imprimer dans le crâne". Non. Il y a souvent une raison un peu plus profonde au fait qu'on est perdu. Par exemple, on ne comprend pas le point de vue du professeur, ou encore on n'arrive tout simplement pas à trouver de l'intérêt au cours en question. Parfois, c'est juste que le cours demande des prérequis sur lesquels on est à la ramasse.

Une solution utile est de se trouver un bouquin sur le même sujet mais à un niveau très inférieur et de le lire de temps en temps, juste pour voir. Ce n'est pas un truc à amener à la bibliothèque ou en cours et à potasser. C'est un truc à lire dans le métro ou dans son canapé, tranquillement, quand personne ne nous dérange et qu'on est détendu.

Les ouvrages de vulgarisation peuvent être d'une aide précieuse **quand ils sont bien choisis** (*Le Monde de M. Tompkins* de George Gamow m'a par exemple aidé à rattraper mon retard en relativité restreinte quelques années après ma L3). Attention cependant car beaucoup de livres de vulgarisation sont en fait d'un niveau supérieur à celui de notre cours, juste sans les équations. Vouloir rattraper son retard en mécanique quantique en lisant un livre grand public sur la gravité quantique à boucles serait par exemple une erreur. Un livre qui m'a énormément aidé en chimie (encore!) était : "*La Chimie organique pour les nuls*". C'est un livre dans lequel l'auteur te prend par la main du début à la fin. Il t'explique vraiment tout de zéro sans présupposer de la moindre connaissance sur le sujet. De temps en temps ça fait du bien. On te parle comme si tu étais complètement débile et c'est exactement ce dont tu as besoin. Ça fait du bien de se l'admettre de temps en temps.

Prendre un livre de cours de lycée peut également être une idée judicieuse (ils proposent souvent des mini-expériences et montrent des jolies images). Ou, encore, ouvrir le *Cours de physique* de Feynman et voir si il n'y a pas un chapitre qui parle de ce sur quoi tu es largué (c'est souvent le cas, même s'il n'est pas forcément au même niveau que ton cours [12]). Quand on est perdu, il faut admettre qu'on l'est et ne surtout pas se dire que l'on est "au-dessus de ça". Non. Là tout de suite, à l'instant $t$ : tu es nul, vraiment nul, et la première étape pour t'en sortir est de l'admettre.

Attention, j'ai bien dit qu'il ne fallait pas "travailler" ce genre d'ouvrages mais juste les feuilleter, en parallèle du cours. Le vrai travail, c'est d'aller en classe et d'essayer de suivre le vrai cours.

Enfin, le meilleur moyen de se raccrocher aux branches est de se débrouiller pour comprendre au moins quelques exercices de TD. (Le premier de chaque feuille de TD par exemple).

R!!! Le cours de physique de Feynman
*Comment ça je l'ai déjà cité ? Non. C'est parfaitement innocent. Juste un hasard...*

R!!! Le nouveau monde de M.Tompkins - G. Gamow
*Pour te présenter George, parlons de son célèbre papier "The Origin of Chemical Elements". C'est un papier que George Gamow a écrit avec son étudiant de l'époque : Ralph Alpher. George a eu envie de se marrer alors il a ajouté le nom d'un de ses amis physiciens, Hans Bethe, comme auteur du papier, et s'est lui-même positionné en troisième auteur. Cet article, qui explique comment les quantités observées d'hydrogène et d'hélium dans l'univers peuvent être expliquées par le Big Bang est maintenant connu comme "the $\alpha\beta\gamma$ paper". Un vrai gosse.*
*Son livre, M.Tompkins, est le graal de la vulgarisation scientifique, dans lequel George a utilisé à son plein sa capacité a parler de choses sérieuses sur un ton léger et accessible.*

---

12. Justement, son cours de mécanique quantique de niveau L2 m'a pas mal débloqué en M1.

## 4.13   **Réviser pour un examen**

Tu as un examen bientôt? Demain? Dans trois semaines? Trop de trucs à réviser? Trop de façons de le faire? Pas assez? J'ai ce qu'il te faut, je crois.

Mon objectif ici est surtout de ne pas te mettre la pression. Quand on cherche des techniques de révision sur internet, dans un livre ou n'importe où d'ailleurs, la réponse qui revient est trop souvent mal adaptée. On te dit de faire ça, puis ça, puis ça... Si tu comptes, ça te prendra forcément dix jours, sauf qu'il t'en reste trois et c'est la merde. Du coup, forcément, ça te fait paniquer, ce qui fout en l'air tout réalisme dans ton estimation de ce que tu as effectivement le temps de faire. Réalisme qui va vite te rattraper et rapidement se transformer en *"ouep, de toute façon, c'est mort"*.

Je me suis fait avoir un sacré paquet de fois à ce jeu-là. Voyant l'examen approcher, je me mets à relire tout le cours d'un bout à l'autre, extrêmement attentivement, et parfois je vais même me chauffer et aller lire la page Wikipédia des grands physiciens liés au cours. Tout ça pour me rendre compte au bout de deux jours (c'est con je n'en avais que trois pour réviser) que je ne retiens rien parce que je pense constamment à autre chose et que moi qui pensais avoir le temps de faire trois annales avant le DS, je commence à me dire qu'il va être compliqué d'en faire ne serait-ce qu'une seule. Alors boum je commence une annale, pour me rendre compte qu'en fait je n'ai aucune idée de comment faire les exercices. Du coup je regarde la correction de l'annale et je n'y comprends rien. Donc je prends le TD que j'avais fait en cours et je comprends enfin quelques trucs mais il ne me reste plus que ce soir pour réviser et il est déjà 21h. Alors je me dis *"Ooook c'est pas grave je vais faire des fiches, comme ça je peux les lire en m'endormant et sur le trajet de demain"*. Sauf que j'ai faim, alors je vais manger. Il est maintenant 22h30. Je vais me regarder un épisode d'une série puis je ferai mes fiches. Dix minutes par chapitre pour dix chapitres, après tout ça ne prendra qu'un peu moins de deux heures. Je suis large... Il est minuit, j'ai fait trois fiches. Bah tu sais quoi tant pis, j'irai au talent.

La situation te semble familière ?

Voilà le souci quand on essaie de prévoir le travail que l'on pense faire avant un DS : on se contente en général d'y réfléchir cinq secondes avant de se lancer tête baissée. Ce qui donne, en gros, l'attitude par défaut de... tout le monde...

$$(\text{travail prévu}) = \frac{\lambda}{(\text{réalisme})}$$
$$\times\ e^{-\gamma(\text{de toute façon c'est mort})}$$
$$\times\ (1 + e^{\mu\cdot(\text{panique})})$$

avec $\lambda$, $\mu$ et $\gamma$ positifs.

STOOOOOOOOOOOOOOOOP !

La (*panique*) ne devrait pas jouer de rôle, sauf en cas extrême. Le paramètre (*de toute façon c'est mort*) a un rôle à jouer mais seulement quand il est tard et qu'il est temps de dormir. On devrait donc virer ces deux termes de l'équation, parce qu'ils marcheront dessus bien assez tôt si les problèmes surviennent. Le (*réalisme*) devrait permettre de déterminer le travail prévu correctement mais n'a rien à faire DANS l'équation. Enfin, contrairement à ce qu'on a parfois tendance à faire quand on planifie nos révisions, le (*temps restant*) devrait certainement apparaître quelque part. Le risque est, comme dans mon cas au début, de passer des heures et des heures à réviser dans le vide des choses qui ne t'aident pas vraiment parce que tu ne les fais pas au bon moment et que tu en fais bien trop dans la futilité et pas grand chose dans l'essentiel.

Enfin bref. Simplifions pour de meilleurs résultats :

$$\text{Travail prévu} \lesssim A \cdot (\text{temps restant}) \qquad (4.17)$$

Voilà. Là c'est mieux. Avec $A$ une simple constante positive. On essaiera donc d'être *presque* aussi ambitieux que possible et de prévoir *presque* autant de travail qu'on peut se le permettre, mais sans jamais dépasser le raisonnable, sous peine de faire n'importe quoi et de retomber sur l'équation décrivant l'attitude par défaut.

Après, il faut bien voir, admettre et tolérer que le *(temps restant)* est un choix. Ce serait très mal venu et malhonnête de ma part de te traiter de glandeur si tu t'y prends un jour en avance pour réviser ton examen le plus important de l'année. Enfin si, si c'est le cas, tu es un gros glandeur, mais je dis ça de manière affective. Le *(temps restant)*, donc, est plutôt représentatif de *(temps qu'on a prévu pour travailler) - (temps de glandage)*. D'ailleurs, autant être réaliste dès le départ sur le *(temps de glandage)* : si tu le sous-estimes, tu vas prévoir des révisions trop ambitieuses que tu ne finiras pas.

Pour essayer de te simplifier la préparation de ton prochain examen, je te propose comme d'habitude un potentiomètre. Selon le temps qu'il te reste, tu pourras choisir de le tourner plus ou moins vers la droite. Une fois ton choix effectué (avec réalisme !), tu peux oublier le reste. À partir de maintenant, ce que tu ne vas pas faire n'a plus aucune importance car, si tu te concentres sur les choses à faire au niveau que tu as choisi, tout va bien se passer et tu n'auras plus qu'à te présenter à l'examen de bonne humeur.

Potentiomètre 6 : Préparer un examen

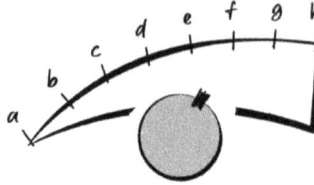

a- Je dors bien et j'y vais au talent.

b- La panique de la veille : je lis la correction du premier exercice de chaque TD utile pour l'examen (c'est faisable en s'endormant la veille d'un examen et peut sauver les meubles).

c- Je me contente de refaire le premier exercice de chaque TD sur lequel porte l'examen, ce sera largement suffisant.

d- Je relis le cours "en spirale", c'est-à-dire en repérant les formules et points intéressants et en lisant ce qu'il y a autour juste assez loin pour comprendre la formule ou le point d'intérêt en question.

e- Je fais une annale.

f- Je prends un bout de papier et écris les points les plus importants du cours, c'est-à-dire les définitions et les formules les plus utiles ainsi que leurs hypothèses.

g- Je refais tous les exercices de TD.

h- Je relis le cours en détail et ne laisse aucun détail incompris. Je m'assure de faire des expériences de pensée en relation avec le cours. (J'appelle ça "le fauteuil d'Einstein".)

Tout ceci étant dit, j'aimerais ajouter un point important concernant la révision d'examens. Est-ce qu'il t'est déjà arrivé de travailler la veille au soir dans une panique monstrueuse et d'apprendre énormément de choses en peu de temps ? Ou t'est-il arrivé, à l'inverse, de te mettre à réviser deux semaines à l'avance, prendre ton temps puis ne pas apprendre grand chose à cause d'une sorte de léthargie pleine de flemme et pleine de "*ça va, j'ai le temps*"?

C'est un effet psychologique bien connu, du nom de loi de Parkinson : "Le travail prendra le temps qui lui est alloué". En clair, ton cerveau fonctionnera d'autant moins intensément que tu as l'impression d'avoir beaucoup de temps devant toi. Sauf qu'en-dessous d'un certain seuil d'intensité, rien ne rentre du tout. Alors comment intégrer la loi de Parkinson dans tes révisions ? En bossant seulement au dernier moment ? Si tu manques de discipline, c'est probablement ce qui va se passer de toute façon et, finalement, ce n'est pas dramatique (pour peu que le volume de révisions à effectuer ne soit pas trop grand et que tu paniques suffisamment tôt). La solution que je te propose plutôt est de démarrer le potentiomètre le plus bas possible et de te fixer toi-même une date butoir relativement proche, à laquelle tu dois avoir terminé cette étape. Tu ne reviendras pas dessus alors c'est important que tu fasses ça correctement ! Une fois que tu as fini cette étape, si tu as encore du temps, monte le potentiomètre d'un cran et recommence.

Alors ce sera quoi ? Le fauteuil d'Einstein ou la panique de la veille ?

**Réponse : la panique d'abord, le fauteuil s'il y a le temps.**

## 4.14  En examen

Pour beaucoup d'étudiants, l'examen est la seule chose qui importe vraiment. On veut réussir ses examens. En prépa c'est encore plus fort que ça. On veut réussir ses concours pour aller dans l'école de ses rêves ou dans la meilleure école possible.

Il est même possible, de fait, que tu aies sauté directement à ce chapitre pour savoir, et tout de suite, comment t'en sortir mieux, bien, ou excellemment pendant un devoir.

Au risque de te surprendre, je pense que ce qui m'a le plus

aidé à m'en sortir durant mes études, c'est de ne pas prendre les examens très au sérieux [13]. Au point qu'en M2, je les voyais avant tout comme une séance d'exercices, juste là pour explorer et ancrer quelques connaissances. Ce n'est pas que je n'étais pas sérieux pendant l'examen mais plutôt que j'ôtais absolument toute pression de mes épaules une fois dans la salle. Sans cette pression, j'étais moins stressé, et mon esprit était plus libre de vraiment penser aux problèmes que j'essayais de résoudre.

La raison est assez simple à comprendre : lorsqu'on stresse en examen c'est parce qu'on pense aux conséquences de l'examen. Ce qui se passerait si on le réussissait bien, ce qui se passerait sinon *etc*. On pense aux sentiments que l'on pourrait ressentir dans un cas comme dans l'autre, on pense à ses camarades de classe bien mieux préparés que nous, peut-être même à nos parents qui seront contents ou déçus. La moitié de notre esprit est donc occupée à complètement autre chose qu'à traiter les exercices et problèmes sous nos yeux.

Et ça, ce n'est pas bon. Du tout.

Je vais donc essayer de présenter quelques stratégies pour ne pas stresser en examen.

### Avant

D'abord, il y a "l'avant". Évidemment, avoir étudié ses cours et savoir ce qu'il y a dedans, ça aide. Mieux encore : avoir intégré les concepts des cours, c'est-à-dire, avoir bien suivi quelques-uns des conseils présentés tout au long de ce livre. Une autre excellente chose à faire avant un examen important, c'est au moins un, et préférablement quelques examens blancs sans stress, pour soi-même.

---

13. En tant qu'enseignant, je constate la même chose : ce sont ceux qui se mettent le plus la pression pour les examens qui se vautrent le plus. Et ça n'a pas grand chose à voir avec leurs capacités ou la quantité de travail qu'ils fournissent.

Les avoir fait de manière non stressante (mais sérieuse !) est vraiment important : le jour du vrai examen, tout est presque pareil et le cerveau aura beaucoup moins de mal à se mettre dans un état d'esprit détendu et prêt à en découdre.

Une règle rapide est que "l'avant" se termine quand on va se coucher la veille d'un examen.

Une règle plus détaillée est que plus l'examen est important, plus "l'avant" devrait se terminer tôt. C'est-à-dire que pour une petite interrogation (une colle, par exemple), "l'avant" devrait se terminer quinze minutes avant le début de la colle ; pour un devoir sur table hebdomadaire, la veille. Quelques heures avant d'aller au lit c'est bien. Pour les concours de fin de classe préparatoires, au moins deux ou trois jours est une bonne idée.

Quand je dis "la fin de l'avant", je parle bien de relaxation. Il faut discuter avec des amis, jouer à des jeux vidéos, boire des bières [14], ce que tu veux. L'important est d'oublier au maximum l'examen (enfin, n'oublie pas de mettre ton réveil).

Nous avons suffisamment parlé de "l'avant". Parfois on est pas prêt, ou alors on l'est mais on ne se sent pas prêt, et c'est comme ça. C'est trop tard et ce n'est absolument pas la peine de se stresser avec ce qu'on a pas fait.

**Juste avant**

Après l'avant, il y a le "juste avant". Pour ma part, j'aimais être seul. Marcher un peu, ne penser à rien ou aller aux toilettes. J'essayais de me mettre à l'écart du groupe. La raison, bien que je ne la percevais pas aussi clairement à l'époque, est que la majeure partie des conversations du groupe tournent autour de l'examen, de manière souvent complètement inutile et désagréable.

---

14. Pas plus de quatre litres...

Certains vont parler de leur excellente préparation $\implies$ Stressant.

Certains vont parler de leur préparation absolument insuffisante $\implies$ Banalise complètement l'examen et met dans un état d'esprit de flemme.

Certains vont parler de choses complètement hors de leur contrôle : j'espère qu'il y aura telle ou telle question, ou pas $\implies$ Parfaitement inutile. Aussi, cela prépare ton cerveau à répondre à ces questions, auxquelles tu commences alors déjà à réfléchir mais de manière nécessairement superficielle. C'est comme si l'examen durait plus longtemps et tu perds de l'énergie à répondre à des questions qui n'y figurent pas.

Certains vont parler de la formule machin, ou bidule $\implies$ Stressant. J'ai toujours trouvé ça affreux. 90% du temps, je n'avais aucune idée de quelle formule ils parlaient et ça me stressait. Il y a toujours des gens pour apprendre des formules poussiéreuses et inutiles dans un coin du cours et c'est stressant.

Non, vraiment, le mieux à faire est de trouver des gens pour discuter de quelque chose de léger qui n'a rien à voir avec l'examen ou de s'écarter du groupe. Je ne te demande pas d'être complètement asocial mais juste de réaliser que tu as besoin de ces cinq minutes avant l'examen pour ne pas être déjà dans l'examen.

Quelques idées en vrac :
- Discuter de débilités sans rapport avec la physique avec tes camarades.
- Faire l'autiste et te cacher dans un coin pour :
  - Faire des pompes ou autre exercice physique. Il paraît que quand le sang circule bien, le cerveau fonctionne mieux.
  - Écouter Lose Yourself de Eminem.
  - Le générique de mon petit poney.
  - Ou n'importe quel autre morceau qui te booste.

· Appliquer je ne sais quelle technique de respiration vietnamienne.
· Mettre tes boules Quies, peut-être.

## Pendant

Vient ensuite le "pendant". Pour éviter de penser à autre chose – on en a déjà parlé un peu plus tôt dans ce livre – une bonne méthode est de saturer sa mémoire de travail avec des images, des sensations, des formules *etc* liées au problème. Bref, il s'agit de se lancer courageusement dans les quatre étapes (imaginer, écrire les équations, calculer, vérifier), auxquelles tu as dû finir par t'habituer.

**Quand rien ne va plus** et que tu te sens perdu, j'ai toujours trouvé la solution suivante extrêmement efficace : barre tout depuis le moment où tu as l'impression de t'être égaré (même si c'est deux pages de calcul) et recommence. L'adrénaline de l'examen, souvent inévitablement présente, te permettra de passer outre la barrière de la procrastination qui te découragerait de faire ça chez toi : tu sais que tu es là pour résoudre cet exercice et tu dois le faire si tu veux t'en sortir. Alors oui, tu sais que tu t'es perdu et tu ne sais plus trop où aller. En plus, l'idée de tout barrer est probablement terrifiante. Tu te dis que corriger ce que tu as fait sera sûrement moins long. En fait, je t'assure que non. Ton cerveau travaille sur le problème depuis un bout de temps et les idées qui s'y trouvent ont déjà commencées à s'éclaircir. La feuille, maintenant confuse (confusion qui va s'aggraver si tu cherches à y ajouter des corrections à la volée) ne fait qu'obscurcir ta pensée. Si tu barres et que tu recommences, tu sauras dans quelle direction partir et, en principe, les choses se dérouleront beaucoup mieux que si tu t'acharnes à rattraper un truc déjà parti de travers. En plus ça ira vite, beaucoup plus vite que la première fois. On peut passer 40 minutes à faire des calculs qui ne vont nulle part, et l'idée de tout barrer nous fait penser : *"Oh merde, j'ai perdu 40 minutes"*. La vérité c'est que si tu barres tout et que tu recommences, il est probable que 15 minutes plus tard tu aies résolu l'exercice. Au final tu n'auras pas perdu 40 minutes. Tu auras mis 55 minutes pour résoudre un exercice. Et alors ?

**Prendre son temps** est également une idée contre-intuitive mais qui est extrêmement importante. Tu vas être assis sur ta chaise pendant trois ou quatre heures : c'est long. Tu as le temps. Parfois certains sujets sont écrits de telle sorte que tu ne pourrais, hypothétiquement, les finir, que si tu n'arrêtais jamais d'écrire (des choses justes). L'astuce, c'est qu'il n'est jamais nécessaire de finir ce genre de sujet pour avoir une bonne note alors ne te lance pas tête baissée. Ça m'est arrivé plusieurs fois et j'ai vu ça arriver à des dizaines d'amis et étudiants. *"Je suis en examen, je n'ai pas le temps de réfléchir, je dois écrire."* C'est ce qui fait que les bases des problèmes sont mal posées, que la compréhension est hésitante et qu'il n'y a pas d'image joliment formée du problème dans la tête de l'étudiant. De fait, il y a de la place en plus dans le cerveau pour des pensées intrusives, du stress *etc.* Finalement, le temps "gagné" est très rapidement perdu pendant un calcul de moins en moins assuré, qui demande des vérifications laborieuses à chaque ligne parce qu'on a plus aucune idée de quoi on parle. En somme, tu veux être comme ces vieux experts d'arts martiaux qui peuvent paraître très lents mais qui font les bons mouvements aux bons moments, tout en gardant leur calme.

**Ce qui est jugé** en examen, n'est pas la longueur du texte. C'est à peine le nombre de questions auxquelles l'étudiant à répondu. Ce qui est jugé est avant tout la qualité des réponses. J'ai corrigé un sacré paquet de copies et j'ai lu tout un tas de rapports de concours. Je me suis rendu compte d'une chose, qui t'intéressera probablement :

Le barème d'un devoir est quasiment impossible à appliquer tel quel. Le correcteur est obligé d'y mettre une appréciation personnelle. À chaque question notée sur 1 point, le correcteur est amené à hésiter entre 0,5 et 0,75, ou 0,25 et 0,5. À **chaque** question. Alors comment décide-t-il ? Eh bien, il essaie de voir si l'étudiant a "compris". Pour ce faire, il va faire quelque chose de très injuste mais d'inévitable et se demander : les autres réponses autour sont-elles justes? Les résultats jusqu'ici étaient-ils valables ou l'étudiant laissait-il des valeurs absurdes se promener sur sa copie? Les phrases explicatives ont-elles du sens ou sont-elles fumeuses? L'étudiant essaie-t-il de réfléchir ou de baratiner pour masquer son incompréhension?

D'ailleurs, ce n'est pas si injuste, dans le fond. Le correcteur se demande simplement si la copie est le reflet d'un étudiant qui serait capable de faire de la "bonne physique".

**Comprendre** est donc un des rôles les plus importants qui t'incombent pendant un examen. Comprendre de quoi l'examen parle, comprendre où il t'emmène, comprendre par quel chemin il passe. Si tu as bien suivi ce livre jusqu'ici, tu te seras rendu compte que la compréhension en est au cœur. Eh bien en examen, c'est pareil. L'objectif principal est de comprendre.

Alors oui, c'est vrai, parfois, on te demande quelques formules, de la mémorisation un peu bête et méchante. Cela dit, lorsque c'est le cas, c'est souvent pour te demander des formules vraiment importantes. Ces formules devraient faire partie de tes *équations maîtresses* ou être démontrables rapidement à partir de celles-ci. Et puis si tu ne sais pas, tant pis. Il y a toujours plusieurs exercices dans un examen et les questions d'apprentissage pur représentent rarement la majorité des points. Qui sait, peut-être même que tu trouveras au détour d'un autre exercice la formule ou l'idée dont tu avais besoin.

**Le retour de l'astuce ésotérique.** Une astuce un peu bizarre qui m'a servi pas mal de fois, c'est d'essayer de m'intéresser au problème pour de vrai. En regardant un film émouvant, tu peux souvent choisir de chialer comme une madeleine ou choisir de ne pas le faire (c'est probablement un exemple à la con mais tu vois où je veux en venir, non?). Dans la même veine, face à un paysage magnifique, ou un vieux bâtiment (la tour Eiffel tiens), tu peux faire le choix de te sentir inspiré ou de te dire "*Mouais*". Bon, eh bien quand je me retrouvais devant un problème, par exemple sur l'impact de météorites sur Terre (Concours centrale 2012, auquel j'ai eu 20/20) j'ai fait le choix de me sentir terrifié et ça m'a encouragé à avancer dans le problème pour en savoir plus. Ce n'est pas nécessaire mais bon, si cette idée résonne en toi, ça ne coûte pas grand chose d'essayer.

**Pour finir**, une astuce simple que j'ai utilisée absolument systématiquement pour tous mes devoirs sur table, concours et examen : faire une pause toilettes en plein milieu, même si je n'avais pas particulièrement envie (biologiquement parlant) d'y aller. Ça me permettait de marcher un peu, de respirer, de laisser un peu de temps à mon cerveau pour voir les choses d'une manière différente, un peu plus détachée. Alors non, je ne te dis pas d'aller absolument aux toilettes en plein milieu de chacun de tes examens [15]. Ça c'était mon truc à moi, aussi ridicule soit-il. À toi de trouver ce qui te détend, mais je pense qu'une petite pause, entre deux et sept minutes en plein milieu d'un devoir, est une excellente chose. Quelques idées :

- Aller aux toilettes.
- S'étirer (sur place ou sur le chemin des toilettes).
- Prendre de grandes respirations.
- Tailler un crayon.
- Regarder le plafond.

L'important, c'est de se détacher de l'examen pendant quelques petites minutes, pour laisser à ton cerveau le temps de sortir des réflexions qui tournent en boucle pour rien et aborder ensuite les choses avec un regard frais.

---

15. Si ce conseil devenait populaire, ça risquerait de poser problème, d'ailleurs.

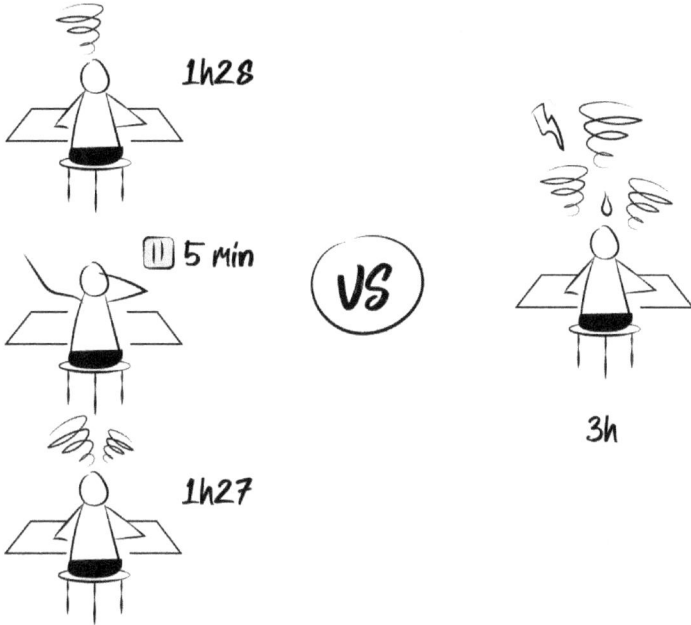

### Après l'examen

Une excellente chose à faire juste après un examen est de s'intéresser à la correction de l'examen si elle est disponible. Rapidement, juste quelques minutes peuvent suffire. L'objectif n'est pas d'essayer d'estimer ta note, mais de corriger des chemins mentaux approximatifs ou faux, pendant que tu les as encore en tête. Faire ça s'accompagnera très probablement d'un bon lot de *"Oh merde... mais quel con !"* et c'est tant mieux, c'est exactement ce que tu cherches. C'est une façon peu coûteuse et très efficace de progresser !

## 4.15   Examen : Mécanique des fluides

Sérénité est mère de toute vertu. Ou pas mais c'est comme ça que je résumerais le chapitre précédent. Il est temps de s'entraîner avec un faux examen (à essayer si tu n'as rien d'autre à faire, parce que la vérité est qu'il vaudrait mieux que tu t'entraînes sur des annales qui ont un rapport avec les examens ou les concours que tu vas passer).

Exercice 11 (Le Spacetrain$^{TM}$) :

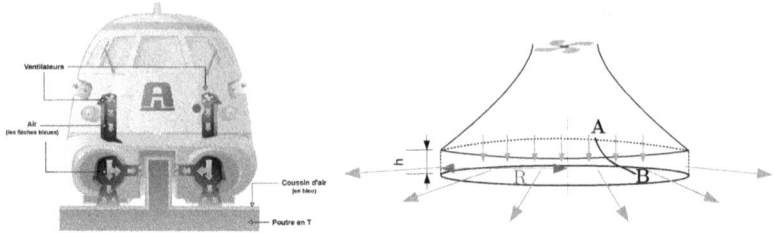

En 2016 voit le jour une *start-up* française sobrement nommée Spacetrain$^{TM}$. Son objectif : révolutionner le transport sur les trajets moyenne distance grâce à, entre autres, une technologie ingénieuse, la sustentation par coussin d'air. Cette technologie est supposée apporter plusieurs avantages liés à l'absence de contact direct avec une voie solide (*p. ex.* un rail) dont un meilleur confort du passager et un coût d'entretien des voies réduit. Le modèle prototype de la compagnie embarque **8 rotors / carters** pour la sustentation. On les modélisera en s'inspirant du schéma ci-dessus, en considérant que leur base est circulaire et de rayon $R = 60$ cm, avec une hauteur de sustentation $h = 4$ mm. L'air a une densité volumique $\rho = 1,2$ kg/m$^3$.

Le train a, lui-même, une masse $M_0 = 7,8$ tonnes et embarque 50 passagers de 80 kg (approximation avec bagages), on notera $M_p$ la masse des passagers. Sous chaque carter règne une pression $P$ générée par un rotor.

On supposera que l'air est un fluide parfait en écoulement homogène, incompressible, et permanent.
1. En utilisant le théorème de Bernoulli entre un point A sous le carter et un point B à la sortie du carter, exprimer $P$ en fonction de la vitesse de l'air à la sortie du carter $v_s$, de la masse volumique de l'air $\rho$, de la pression atmosphérique $P_0$ et de la vitesse de l'air sous le carter $v_c$.

2. Soit $Q$ le débit volumique d'air au sein du système {un seul rotor / carter}. Si l'on considère l'air comme incompressible, que peut-on dire de $Q$ en A et B? Exprimer $Q$ de deux manières : d'une part en fonction de $v_s$, $R$ et $h$ et d'autre part en fonction de $v_c$ et $R$. Quel terme peut-on alors négliger dans la question 1?

3. Réécrire l'équation de la question 1 en substituant $Q$ à $v_s$.

On suppose que le poids du Spacetrain est entièrement contrebalancé par la surpression $P - P_0$ sous les carters.

4. Discuter la stabilité en hauteur du train, si l'on considère $Q$ constant.

5. $P_E$ est la puissance électrique nécessaire au maintien du débit $Q$ dans les 8 rotors. On supposera que seulement une partie $\eta = 0{,}7$ de la puissance électrique est effectivement convertie en énergie de mouvement de l'air. Montrer que :

$$P_E = x \frac{\rho v_s^3 \pi R h}{\eta} \qquad (4.18)$$

Que vaut $x$?

6. Écrire l'équation décrivant l'équilibre du train sur l'axe vertical.

7. En utilisant les résultats des questions 2., 5. et 6., calculer la puissance électrique nécessaire à la sustentation du train. Donner le résultat sous forme analytique et numérique.

Un des ingénieurs du Spacetrain annonce : "*Notre navette consommera 1 mégawatt dont un tiers servira à la sustentation.*"

## 4.16 Progresser

Si tu as lu jusqu'ici ou si tu as sauté jusqu'à cette page pour voir si ça valait le coup de passer plus de temps dans le reste du bouquin, je vais parier que c'est parce que tu aimerais progresser en physique (quel pari risqué!)

Comme pour à peu près toute activité humaine un tant soit peu complexe, lorsque tu demandes ou que tu cherches des conseils à propos de "comment progresser", LE conseil que tu vas voir le plus souvent est quelque chose tu style :

*"Travaille dur et aime ce que tu fais !"*

OK mais pourquoi, en fait ? Et comment ?

### 4.16.1 Travailler dur

Travailler dur **peut** correspondre à certaines personnes ayant un léger goût pour le masochisme. Il n'y a rien de mal à ça et je ne jugerai personne. Je pense que quand je me levais à cinq heure du matin pour aller faire des arts martiaux avant d'aller au boulot lors d'un an passé au Japon, j'avais complètement adopté cette méthode de "travailler dur" (pour ce qui est des arts martiaux) et souffrir faisait alors un peu partie du plaisir, ce qui n'a rien à voir avec nos chèvres. En physique, ce n'est pas ce que j'ai décidé de faire – peut-être parce que, contrairement aux arts martiaux, j'ai toujours senti que je ne ferai pas de la physique seulement pendant un an de façon intensive, puis plus rien. Ou peut-être tout simplement parce que je suis feignant. En tout cas, et parce que je sais d'expérience qu'il est tout à fait possible de s'en sortir sans "travailler dur", je ne vais pas particulièrement te recommander de le faire. Non pas que travailler dur soit forcément un mal ! Je ne pense simplement pas que ce soit nécessaire et je crois même sincèrement que ça peut te faire passer à côté des choses importantes, en plaçant la souffrance au cœur de tes préoccupations, plutôt que l'apprentissage.

Quand j'enseigne à des étudiants très travailleurs j'ai plutôt tendance à conclure mes cours par une phrase d'un de mes bons camarades de classe préparatoire : *"Ne travaillez pas trop !"*

Je ne suis toujours pas certain des raisons pour lesquelles il le disait.

Pensait-il à Descartes ?

> *La constitution de notre nature est telle que notre esprit a besoin de beaucoup de relâche afin qu'il puisse employer utilement quelques moments en la recherche de la vérité, et qu'il s'assoupirait au lieu de se polir s'il s'appliquait trop à l'étude.*
>
> — *René Descartes*

Peut-être voulait-il juste s'assurer que ses camarades de classe n'aient pas de trop bonnes notes ?

Toujours est-il que je vais expliquer ce que moi j'entends par là.

### 4.16.2   Travailler intelligement

Pour travailler intelligemment, il faut deux choses assez paradoxales [16] : **prendre son temps**, et **ne pas travailler trop longtemps**.

Hein ?

Je m'explique : quand tu t'assoies pour travailler tu es là, avec ton prof, ton livre, ton cours ou tes exercices et c'est tout ce qui compte. Prends ton temps, non pas pour dessiner ou rêvasser (sauf si tu dessines de la physique et que tu rêvasses de physique, auquel cas, fais-toi plaisir, avec modération). **Prends ton temps** pour laisser ton cerveau explorer ce sur quoi tu travailles. **Oublie ce qui vient après**. Ne te dis pas : je travaille au moins deux heures ! (C'est un coup à regarder sa montre toutes les dix minutes jusqu'à la fin des deux heures.) Travaille, explore et détends-toi. **Au bout d'un moment, tu en auras marre**, ton cerveau va commencer à sauter de tous les côtés, tu ne sauras plus pourquoi tu es là, ni quoi faire. Ce que tu apprends te

---

16. Paradoxales mais pas contradictoires, un paradoxe n'étant une contradiction qu'en apparence.

paraîtra de plus en plus obscur et confus. C'est le moment parfait pour passer à la chose suivante : OK ! "**UN exercice de plus**" ou "OK ! Je refais CE calcul de mon cours", ou encore "OK, je relis cette page à laquelle je n'ai rien compris **puis j'arrête.**"

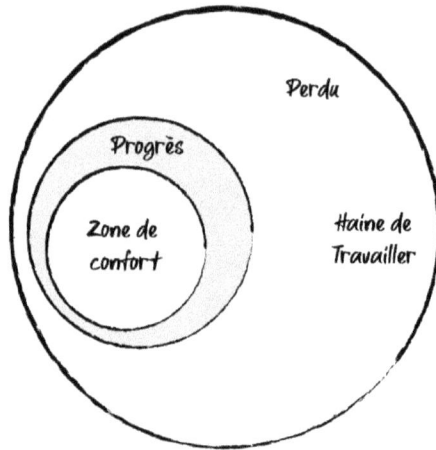

Pour résumer, l'idée est de passer la majeure partie de ton temps de travail dans un "mode" détendu, non stressé et non contraint, soit dans la "Zone de confort", puis quand tu en as marre d'en faire un tout petit peu plus et d'arrêter. C'est-à-dire qu'il s'agit de passer le plus souvent possible un peu de temps dans la zone grise, mais pas trop longtemps. S'arrêter directement revient à ne jamais sortir de sa "zone de confort" et donc à s'empêcher de progresser en ne se donnant pas l'occasion de s'entraîner à rester concentré juste un peu plus longtemps. Ensuite, au contraire, continuer à travailler au-delà de ce "juste un peu plus" risque de revenir à travailler trop, à s'habituer à travailler dans un "mode" non détendu, stressé, contraint. Cela revient à s'habituer à ne pas aimer travailler. Souviens-toi : "*Ne travaille pas trop !*"

Si tu t'y prends de cette manière-ci, tu t'entraînes à faire de la physique principalement dans de bonnes conditions et ton cerveau va associer "faire de la physique" avec "exploration, détente, truc intéressant et pas contraint". En bonus, tu t'entraînes à te pousser un peu plus chaque fois, un peu au delà de ta zone de confort, qui elle-même s'étend, et c'est comme ça qu'on progresse. Pour être sûr que cela te suffira à avancer dans ton apprentissage, travailler ("*pas trop!*") de façon régulière est très important.

Je vais maintenant te raconter l'histoire de Georges. Georges s'en sortait plutôt bien au lycée, c'est quelqu'un de relativement intelligent et il travaille occasionnellement, quand il le faut. Il arrive en licence, motivé par cette nouvelle vie qui commence et décidé à s'en sortir assez bien.

Il est à peu près sérieux en cours et apprend relativement vite, aussi les deux premiers mois se passent plutôt bien... enfin c'est ce qu'il se dit. Arrive un premier examen (une colle par exemple, une première interrogation), d'où Georges ressort avec un 9/20. C'est ennuyeux, il pensait être capable de mieux. Alors Georges se met à travailler beaucoup plus, 1h30 tous les soirs minimum et au moins 4h les week-ends. Il pense à ses cours tout le temps.

Au bout d'un mois Georges commence à fatiguer. Tout ce travail commence à lui peser alors il reprend ses vieilles habitudes : aller en cours et en TD puis rien de plus. Il faut souffler [17].

Quelques semaines plus tard, un autre examen arrive. Un gros examen cette fois, un devoir sur table de plusieurs heures. Georges sort de la salle en ayant l'impression d'avoir très bien réussi. Et il a raison! La note arrive : 19/20.

---

17. Bah oui gros, on t'avait dit de pas trop travailler.

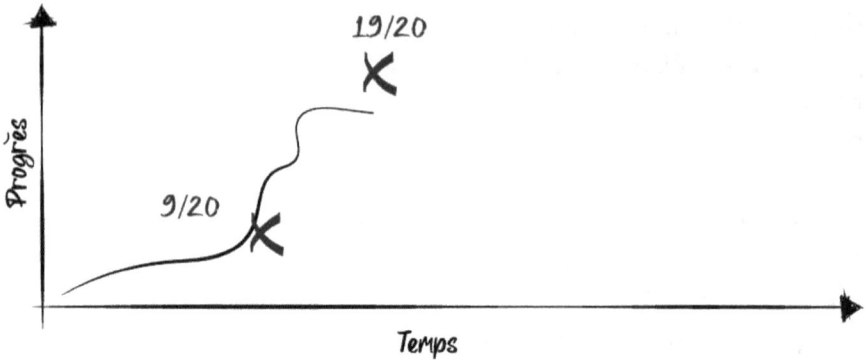

Georges est surpris, il ne s'attendait pas à ça mais il se convainc qu'avec tout le travail qu'il a effectué depuis le premier examen, c'est probablement tout à fait mérité. Georges se savait intelligent de toute façon et ses parents sont fiers de lui. Alors Georges se dit qu'il a bien fait d'arrêter de travailler aussi dur. De toute façon, son objectif était de passer honorablement en L2, pas d'être dans les premiers de la classe.

Un troisième examen arrive quelques mois plus tard, pas très important cette fois. 12/20. *"Bah. Ça va"* se dit Georges. *"J'étais fatigué de toute façon et puis ça suffirait largement pour passer."*

Enfin ça y est, c'est l'examen de fin de semestre qui arrive bientôt. Georges n'est plus très confiant, n'ayant pas été franchement sérieux depuis ces quelques semaines extrêmes au début du semestre. Alors, pendant les trois derniers jours avant l'examen il travaille sans relâche (enfin, c'est ce qu'il croit, la vérité, c'est plutôt qu'il passe tout son temps libre face à son cours, avec son ordinateur pas très loin et plusieurs fenêtres qui n'ont pas grand chose à voir avec la physique ouvertes sur son navigateur), Georges se couche tard.

Georges arrive à l'examen très fatigué. Après quelques jours de suspense, la note arrive : 7/20. Et cette note compte pour plus de 50% de la note du semestre...

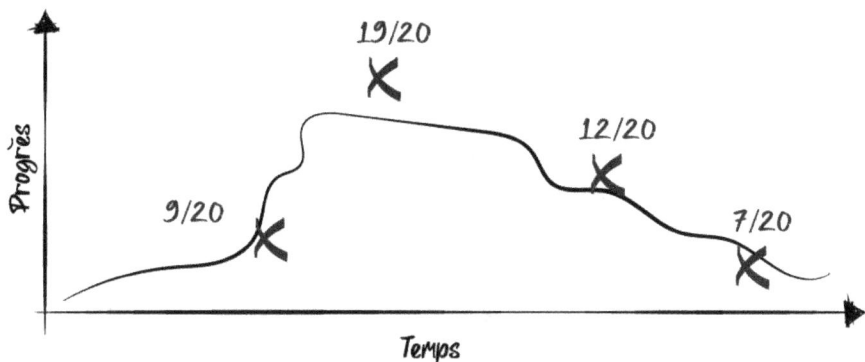

Georges n'existe pas mais son histoire est vécue par des milliers d'étudiants chaque année (de manière plus ou moins similaire).

Alors que retenir de l'histoire de Georges ? En fait, quelque chose de très simple.

Les notes d'examen ont deux défauts :

Elles ne sont pas fréquentes, et ne sont pas régulières. En plus, elles ne reflètent pas nécessairement bien la qualité de l'apprentissage à l'instant $t$. Tu peux avoir une bonne ou une mauvaise note un peu par chance, autour de ton niveau réel. En conséquence, baser sa façon de travailler uniquement sur ses notes est une très mauvaise idée. La mesure du progrès, de la compréhension *etc* est fondamentale pour apprendre correctement quelque chose, et le mécanisme mis en place dans une université par des examens espacés n'est pas suffisant pour adapter son travail. En prépa, la régularité des notes facilite un peu la mesure des choses mais reste loin d'être la solution idéale pour autant.

Il serait donc idéal que tu te dotes de mécanismes de mesure annexes, plus fréquents et non dépendants de dates sur lesquelles tu n'as aucun contrôle.

Ce dernier potentiomètre est donc à ajouter de temps en temps à tes sessions de travail (ou peut constituer une session à

lui seul), si tu veux savoir où tu en es. Cela peut être particulièrement utile quand tu finis d'étudier un chapitre ou quand tu
commences à réviser pour un examen.

---

### Potentiomètre 7 : S'auto-évaluer

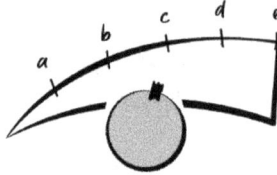

a- Un facile : ai-je compris les grandes lignes ? *C.à.d.*,
  sans regarder mon cours, suis-je capable de répondre aux deux questions : "*Quoi ?*" et "*Et alors ?*"

b- Un plus subtil : est-ce que je comprends les formules que j'utilise ? Et que veulent dire ces équations ? D'où sortent-elles ? Qu'impliquent-elles ?

c- Un plus abouti : sans regarder mon cours, suis-je capable de me souvenir du plus important ? Si je devais expliquer le cours en cinq minutes à un ami en
  galère juste avant un examen, qu'est-ce que je lui dirais ? Quelles équations je lui recommanderais de retenir ? Je vais ensuite vérifier dans mon cours si j'ai
  oublié des choses.

d- Plus classique : j'utilise les corrections d'exercices
  (TD, annales, livres, au choix) pour vérifier ce que
  j'ai fait. (Note bien que "ai fait" est au passé. L'idée
  est d'essayer de faire l'exercice d'abord puis, seulement ensuite, d'utiliser la correction pour vérifier.)

e- Plus einsteinien : quand je suis inspiré, je tente
  de me poser mes propres questions, de créer mes
  propres exercices. Je me crée alors mes propres interrogations, en utilisant ces questions et celles de
  mon cours (il y en a souvent en fin de chapitre). Je
  peux faire ça sur une feuille ou un logiciel adapté
  (par exemple Anki).

Tu remarqueras que, pour ce potentiomètre, ce qui revient souvent est : ne pas regarder ton cours ni la correction. Le problème sournois lorsque tu relis un cours que tu as déjà vu, c'est que tu vas y *reconnaître* des choses. Ton cerveau va en déduire qu'il les *connaît* et aurait été capable de les *retrouver* sans les voir. Cependant, il y a une différence fondamentale entre se *souvenir* de quelque chose, et le *reconnaître*. La différence est que, à toutes fins utiles, *reconnaître* quelque chose ne t'aidera que rarement en examen. Il est donc important, de temps à autres, de vérifier ta capacité à te *souvenir* ou à *retrouver* par toi-même du contenu de ton cours. Cela a l'avantage de renforcer du même coup cette capacité.

Ainsi, en mesurant tes progrès régulièrement et en adaptant ta façon de travailler, tu devrais pouvoir remplacer la courbe noire de Georges par ta courbe grise :

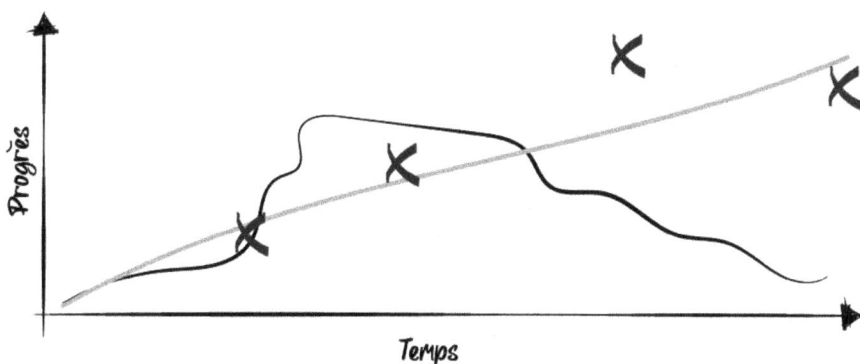

## 4.17   Physique de rêve en trois semaines

Tu es arrivé jusqu'ici dans la lecture de ce livre. Félicitations !
Ça a dû te demander pas mal de temps et d'efforts, j'espère que
tu as appris des choses !

Si tu veux profiter pleinement de ta lecture, il est maintenant important que tu prennes un bout de papier, ton téléphone,
les pages vides suivantes ou quoi que ce soit d'autre qui te sert
pour réfléchir [18], et que tu te crées ton propre programme de travail hebdomadaire. Comme l'a dit Eisenhower dans des conditions bien plus sombres : planifier est extrêmement important.
Ce qui l'est beaucoup moins est de suivre ton programme à la
lettre.

Voici la démarche que je te propose : rends-toi, dans l'ordre,
aux pages 130, 138, 145, 156, 160, 172 et 190. Choisis à chaque
fois quelques idées, un jour où les appliquer et visualise ta semaine idéale.

Je te donne ci-dessous un exemple, qui n'a pas vocation à
être suivi mais simplement à préciser la démarche.
C'est un exemple de programme relativement minimaliste, qui
peut permettre de s'en sortir pas trop mal à peu de frais.

En prépa, la présence de colles et de devoirs maison ajou-
tera pas mal d'exercices à ce programme, ce qui est une bonne
chose. Par contre les contraintes temporelles devront demander
un peu d'ajustement. Ici par exemple, tu pourrais remplacer le
"Nope, pas pour moi" du mercredi soir par une révision de colle,
et allonger la séance du samedi matin par un travail sur le devoir maison le plus urgent.

---

18. Non, pas ton cerveau, gros malin.

## Le programme de l'étudiant minimaliste

**Lundi :**
Potentiomètre 1 – En amphi : d- *[Je suis le cours et note ce qui me paraît important]* *et lorsque je me pose une question, soit je la pose directement soit je l'écris visiblement (par exemple avec un stylo rose) dans mes notes de cours, à l'endroit où elle m'est venue.*

**Mecredi soir :**
Potentiomètre 2 – Relire un cours : b- *Je me demande : Quoi ? Et alors ?*
Potentiomètre 4 – Préparer ses TD : a- *Nope, pas pour moi.*

**Jeudi après-midi :**
Potentiomètre 5 – En TD : e- *J'imagine et je note la correction.*

**Samedi matin :**
Potentiomètre 7 – S'auto-évaluer : b- *Est-ce que je comprends les formules que j'utilise ? Et que veulent dire ces équations ? D'où sortent-elles ? Qu'impliquent-elles ?*

**Et en général :**
Potentiomètre 3 – Créer un monde intérieur : b- *J'essaie de penser à la physique que j'apprends, de temps en temps, sur le chemin du retour.*

C'est tout pour le programme hebdomadaire.
Et avant un examen :
Potentiomètre 7 – S'auto-évaluer : c- *Sans regarder mon cours, suis-je capable de me souvenir du plus important ? Si je devais expliquer le cours en cinq minutes à un ami en galère juste avant un examen, qu'est-ce que je lui dirais ? Quelles équations je lui recommanderais de retenir ? Je vais ensuite vérifier dans mon cours si j'ai oublié des choses.*
Potentiomètre 6 – Préparer un examen : c- *Je me contente de refaire le premier exercice de chaque TD sur lequel porte l'examen, ce sera largement suffisant.*

## Ma semaine idéale

*Tu dois avoir remarqué ÇA ! En fait, tu es un mauvais employé, et un patron encore pire. Tu ne sais pas ce que tu veux faire, et quand tu te décides enfin sur quoi faire, tu ne le fais de toute façon pas. Mais [...] il faut que tu comprennes que tu n'es pas ton propre esclave.*

– *Jordan Peterson*

Si tu es comme moi, tu viens de te créer un programme bien trop ambitieux, que tu ne vas pas suivre, et tu vas t'en vouloir, et une petite voix dans ta tête va t'insulter franchement pas sympathiquement. Ce n'est ni productif, ni agréable. Et pourtant ce serait tellement bien si tu pouvais te secouer pour de vrai et suivre ce satané programme ! Certes, mais entre toi et moi... on sait bien que tu ne le feras pas, non ? Alors est-ce bien la peine de te faire du mal ? Tu as déjà oublié Georges ?

Pour améliorer les choses, je te propose l'idée suivante :

Commence par écrire ce que tu fais déjà, approximativement, dans une semaine normale. Essaie de l'écrire de manière congruente avec les potentiomètres, au moins leur thème. Une fois que tu as ce programme, qu'on appellera ton programme "par défaut", tu peux réfléchir à un point que tu peux essayer d'améliorer pour la semaine prochaine. Si tu y arrives, récompense-toi avec une bière, puis demande-toi si tu es satisfait comme ça, ou si tu peux essayer d'améliorer un autre point la semaine suivante. C'est le progrès qui compte, pas la perfection.

Mon programme de travail en cours d'amélioration

R!!! Une vidéo YouTube facile à trouver :
**How to stop procrastinating** - Jordan Peterson
*On peut ne pas être d'accord avec tout ce qu'il raconte, mais ce qu'on peut admirer chez Jordan, c'est sa capacité à dire les choses d'une manière suffisamment élégante et avec des allures de désagréable vérité pour nous forcer à réfléchir.*

## 4.18 Aimer est un verbe

Peut-être que le plus important, finalement, quand on essaie de progresser dans un domaine, c'est de l'apprécier vraiment. De l'aimer. Pour reprendre (et complètement travestir) une idée trouvée dans *The 7 Habits of Highly Effective People*, de Stephen R. Covey, **"aimer"**, même si on tend parfois à l'oublier, est un verbe d'action [19]. Cela signifie qu'aimer est quelque chose que tu fais activement et non quelque chose de passif. Mais alors c'est quoi un acte d'amour pour la physique ? Dans les faits, ça peut-être tout un tas de choses ! Y penser en regardant quelque chose de beau, comme un arc-en-ciel, d'intriguant, comme un nuage, ou d'impressionnant, comme un train. Ça peut aussi être de lire un livre de vulgarisation ou un magazine de physique, ou en parler à ses amis, à ses parents. Ça peut encore être de se lancer un petit défi nul comme : un exercice par semaine minimum, juste pour garder la flamme. Cet acte d'amour peut être ce que tu veux, en fait, parce qu'on a pas tous la même façon de montrer et d'entretenir notre amour.

Et qu'est-ce que ça vient faire dans une discussion sur l'apprentissage de la physique ? Essayons de mettre une équation (discutable, évidemment) sur l'amour de la physique, juste pour voir.

---

19. Par opposition aux verbes d'état, comme le serait "être amoureux", mais n'allons pas trop loin dans les questions de grammaire française, car je raconterai rapidement des bêtises.

$$(\text{amour du sujet}) \propto (\text{intérêt intrinsèque})$$
$$\times (\text{apprentissage}) \qquad (4.19)$$
$$\times (\text{choix d'aimer le sujet})$$

Tu te souviens des équations 1.1 et 1.2 du tout premier chapitre de ce livre ? Je les réécris ici pour t'éviter de retourner tout au début pour les retrouver :

$$(\text{apprentissage}) \propto (\text{temps})$$
$$\times (\text{concentration}) \qquad (4.20)$$
$$\times (\text{qualité de l'approche})$$

$$(\text{souffrance}) \propto \frac{(\text{temps})}{(\text{amour du sujet})} \qquad (4.21)$$

**Exercice 12** (L'amour) :

1. Injecter les équations (4.19) et (4.20) dans l'équation (4.21).
2. Citer quatre pistes pour éviter de souffrir pendant ses études.

Je t'en conjure, laisse à ton cœur le droit de battre plus fort lorsque tu lis, vois, ou penses quelque chose d'intéressant. Encourage-le à battre plus fort. Le reste suivra.

# 5. Conclusion

## Le mot de la fin

Ce fut un plaisir de passer un peu de temps avec toi à discuter des plaisirs et tortures de la condition d'étudiant, et à parler de physique de manière décontractée.

J'espère que ce petit tour d'horizon t'aura donné envie d'essayer d'aimer la physique, de travailler moins tout en travaillant mieux, et d'utiliser ton cerveau dans toute sa splendeur pour apprendre et comprendre la physique avec bonheur, plutôt que de la subir.

Peut-être que ce livre t'aura inspiré et t'inspirera à regarder des choses que tu as déjà vu d'un œil plus curieux et, qui sait, avec un cœur plus ouvert?

Voilà. Maintenant, tu te démerdes.

La bise,
Clément Moissard

*Ayant eu l'audace d'imaginer qu'un même phénomène pouvait expliquer le comportement de la pomme et celui de la lune, Newton prit en compte les lois physiques du mouvement elliptique des planètes ; il était en mesure d'établir la loi dite d'attraction universelle. On était passé dans un cadre général, celui d'une théorie physique de la gravitation. Cette généralisation étant admise, il n'était pas pensable que les irrégularités dans le mouvement d'Uranus ne puissent être expliquées dans le cadre de cette théorie : ceci conduisit Leverrier à imaginer que le mouvement d'Uranus était perturbé par la présence d'une planète inconnue dont il put préciser la position exacte afin que la théorie de Newton ne soit pas mise en défaut. C'est ainsi que Neptune fut découverte en 1846, là où les calculs l'avaient prévue.*

— *La physique*, M. *Duquesne*

# 6. Corrections

**Remarque :**

*Imaginer*

*La plus grande difficulté dans ce premier exercice est de bien visualiser le problème afin de comprendre ce qui est demandé. Le Soleil est un corps noir qui rayonne. La majorité de ce rayonnement est perdu dans l'espace mais une petite partie atteint la Terre[a]. La Terre reçoit donc de l'énergie et elle la rayonne à son tour. C'est l'équilibre entre le rayonnement incident et le rayonnement émit qui donne à la Terre sa température moyenne.*

*Écrire les équations*

*Tout est dans l'énoncé : la seule formule importante est la loi de Stefan-Boltzmann, qui est donnée (et celle de la surface d'une sphère, d'accord). Il suffit de ne pas paniquer et de le réaliser. Il faut aussi penser à écrire l'égalité des rayonnements reçu et émit.*

*Calculer*

*Ces calculs ne sont ni compliqués ni longs. Néanmoins, on peut se planter facilement si on essaie de faire des simplifications trop rapides.*

*Vérifier*

*Les résultats se prêtent très bien à une vérification car ils se laissent comprendre relativement facilement. La seule surprise, peut-être, est que le rayon de la Terre ne joue finalement aucun rôle. Ça aussi, en fait, ça peut se comprendre.*

---

a. Enfin perdu... C'est une vision un peu trop anthropocentriste ! Peut-être qu'il éclairera, comme celui de tant d'autres étoiles, le ciel d'une magnifique planète, ailleurs. Je ne sais pas pourquoi je dis peut-être d'ailleurs. Il le fera ! Et peut-être y aura-t-il quelqu'un ou quelque chose pour l'observer.

**Exercice 1** (Réchauffement Climatique) :

1) La surface du Soleil est $A_\odot = 4\pi R_\odot^2$, donc en utilisant la loi de Stefan-Boltzmann on a :

Puissance totale émise par le Soleil : $P_\odot = \sigma 4\pi R_\odot^2 T_\odot^4$

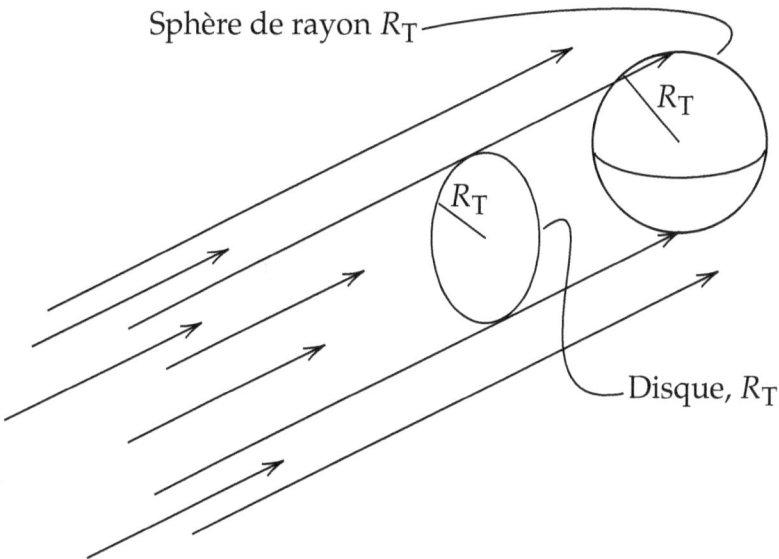

Sphère de rayon $R_T$

$R_T$

$R_T$

Disque, $R_T$

La puissance reçue par la Terre est celle qui passe par un disque de rayon $R_T$ à une distance $d = 8,3$ minutes-lumières du Soleil.

À cette distance, la puissance totale émise par le Soleil est distribuée sur une sphère de rayon $d$, donc on a :

$$P_{\text{reçue}} = \frac{P_\odot}{4\pi d^2} \pi R_T^2$$

D'après la loi de Stefan-Boltzmann, la puissance émise par la Terre à la température $T_{\text{moy}}$ est :

$$P_{\text{émise}} = \sigma 4\pi R_T^2 T_{\text{moy}}^4$$

À l'équilibre (la Terre ne gagne pas d'énergie en moyenne), on a :

$$P_{\text{reçue}} = P_{\text{émise}}$$

Donc :

$$\frac{P_{\odot}}{4\pi d^2} \pi R_{\text{T}}^2 = \sigma 4\pi R_{\text{T}}^2 T_{\text{moy}}^4$$

$$\frac{\sigma 4\pi R_{\odot}^2 T_{\odot}^4}{4\pi d^2} \pi R_{\text{T}}^2 = \sigma 4\pi R_{\text{T}}^2 T_{\text{moy}}^4$$

$$\frac{R_{\odot}^2}{d^2} T_{\odot}^4 = 4 T_{\text{moy}}^4$$

Ce qui donne :

$$\boxed{T_{\text{moy}} = \left(\frac{R_{\odot}}{2d}\right)^{1/2} T_{\odot}}$$

*Remarque : Ce résultat est logique : Si le Soleil était plus grand à température égale, il rayonnerait plus d'énergie (d'après la loi de Stefan-Boltzmann) et donc chaufferait plus la Terre. Si la Terre était plus loin du Soleil, elle serait plus froide. Si le Soleil était plus chaud, la Terre serait plus chaude.*

2) L'équation à l'équilibre devient :

$$(1-a)P_{\text{reçue}} = P_{\text{émise}}$$

donc :

$$\boxed{T_{\text{moy}} = \left(\frac{R_{\odot}}{2d}\right)^{1/2} (1-a)^{1/4} T_{\odot}}$$

*Remarque : Ce résultat est logique : plus la Terre réfléchit les rayons incidents, plus il fait froid.*

**AN** : $\underline{T_{\text{moy}} = -18° \text{ C}}$

> **Remarque** : *Euh... Il fait un peu trop froid là, non ?. Où est le problème ?*
> *Ah cool, la question suivante va peut-être le résoudre !*

3) L'équation à l'équilibre devient :

$$(1-a)P_{\text{reçue}} = \epsilon P_{\text{émise}}$$

donc :

$$\boxed{T_{\text{moy}} = \left(\frac{R_{\odot}}{2d}\right)^{1/2} \left(\frac{1-a}{\epsilon}\right)^{1/4} T_{\odot}}$$

> **Remarque** : *Ce résultat est logique : plus $\epsilon$ est petit moins l'énergie atteint l'espace. Donc il fait plus chaud.*

**AN** : $\underline{T_{\text{moy}} = 14° \text{ C}}$

> **Remarque** : *Comme en vrai ! Cool !*

4) La présence d'un gaz réfléchissant 1% du rayonnement solaire revient à changer la valeur de $a$ et écrire $a = 0,31$. En effet, le rayonnement réfléchi est alors :

$$P_{\text{reçue}}(1-a_{\text{nuages}}) \times (1-a_{\text{gaz}}) = P_{\text{reçue}}(1-0,3) \times (1-0,01)$$
$$= P_{\text{reçue}}(1-0,31)$$

On obtient alors :

**AN** : $\underline{T_{\text{moy}} = 13° \text{ C}}$

On pourrait donc diminuer la température moyenne d'environ $1°$ C !

5) Cette méthode paraît élégante à première vue. Cependant, il est de bon ton de questionner le bien fondé de pareille entreprise :

La vie sur Terre existe grâce au Soleil et diminuer les rayonnements incidents en sa provenance risque de causer des problèmes majeurs à la vie végétale d'abord, puis animale. Sans compter que le cycle de l'eau fonctionne grâce au Soleil. On peut même se demander si la limitation des rayonnements incidents ne viendrait pas diminuer la vie végétale à tel point que les plantes absorberaient moins de $CO_2$, encourageant alors l'effet de serre...

Les complexes systèmes de vents sur Terre vont probablement modifier la position des gaz injectés de manière imprévisible et causer un refroidissement hétérogène.

Enfin, les calculs que l'on vient d'effectuer ne s'intéressent qu'à l'équilibre énergétique sur Terre. Est-ce vraiment tout ce qui compte?

Au final, réduire les émission de $CO_2$, qui sont la cause originelle du problème, pour stabiliser (voire diminuer) l'effet de serre paraît être une entreprise bien moins hasardeuse.

**Exercice 3** (La surface du soleil) :

1) Le poids est la force de gravité exercée par le soleil sur la masse $m$ :

$$P = \mathcal{G}\frac{m_1 M_\odot}{R_\odot^2}$$

**AN** : $\underline{P = 4,1 \cdot 10^2 \text{ N}}$

> **Remarque :** *Wow ! Lourd ! Une bouteille d'eau de 1,5 kg pèse, sur le soleil, autant qu'un petit baril de 41 kg le ferait sur terre. En plus, le fait que le poids de la bouteille a été multiplié par environ 30 signifie que, toi-même, si tu étais à la surface du soleil, tu pèserais pas loin de deux tonnes ...*
> *C'est la surface du Soleil tu me diras. Mais Wow !*

2) L'énergie $E_v$ nécessaire à vaporiser l'eau initialement à 15° C est la somme de :
— L'énergie nécessaire pour faire passer 1,5 L d'eau de 15° C à 100° C
— L'énergie de vaporisation de 1,5 L d'eau
On a donc :

$$E_v = c_m m \Delta T + ml$$

Cette énergie est intégralement fournie par le Soleil sous forme de rayonnement. Si on note $t_v$ le temps nécessaire à la vaporisation on a :

$$\pi \left(\frac{d}{2}\right)^2 p_\odot t_v = E_v$$

soit :

$$t_v = \frac{m\left(c_m \Delta T + l\right)}{p_\odot \pi \left(\frac{d}{2}\right)^2}$$

**Remarque :** *Ce résultat a l'air logique : il faudra d'autant plus de temps que la masse d'eau à vaporiser est grande (à surface exposée égale). Le temps est proportionnel à la capacité de l'eau à emmagasiner de l'énergie (rôle de $c_m$ et l). Si le Soleil émettait plus d'énergie, il faudrait d'autant moins de temps pour vaporiser l'eau. Si la surface présentée au rayonnement était plus grande, l'eau se vaporiserait également plus rapidement.*

**AN :** $\underline{T = 7,9 \text{ s}}$

**Remarque :** *Ce résultat est intéressant. Je vais être honnête avec toi, je m'attendais à beaucoup, beaucoup moins. On est à la surface du Soleil quand même! En fait, ce genre de surprise est la bienvenue. J'ai eu du mal à y croire donc j'ai vérifié mes calculs et réussi à me convaincre qu'ils étaient justes malgré ce résultat surprenant. Devant l'évidence, je redécouvre plusieurs choses intéressantes : 1) l'eau a une capacité à stocker de l'énergie absolument incroyable (par exemple, il faut à peu près autant d'énergie pour faire bouillir une petite casserole d'eau ($\sim 1$ L) que pour faire monter une voiture en haut de la tour Eiffel). 2) le Soleil est très chaud, d'accord, mais pas si chaud que ça finalement. Un feu de bois sur Terre a une température d'environ $800°C$, ce qui est certes plus froid mais pas incomparablement plus froid que la température de la surface du Soleil, quand on y pense. 3) Enfin, rendons à César ce qui appartient à César : 8 secondes pour faire évaporer complètement une bouteille d'eau, c'est balèze quand même. Je te mets au défi de faire ça avec une plaque chauffante!*

**Remarque :** *Ça ne doit pas être bien agréable d'être à la surface du soleil. Tu dois te sentir vraiment lourd et... t'évaporer.*

**Exercice 7** (Homogénéité) :

$$E = mc^2 - \text{Homogène}$$

$$v = \sqrt{\frac{T}{\rho}} - \text{Inhomogène}$$

$$PS = F - \text{Homogène}$$

$$\rho gh = P - \text{Homogène}$$

$$P = P_0 + \frac{mgh}{S} - \text{Inhomogène}$$

$$PV^\gamma = TV^{\gamma-1} - \text{Inhomogène}$$

$$v(t) = d(t) - \int_0^t mg\,\mathrm{d}t - \text{Inhomogène}$$

**Exercice 8** (Planètes lourdes) :

> **Remarque :** *Voilà un exercice typique dans lequel les quatre étapes s'appliquent plusieurs fois. Il y a une grande situation d'ensemble qu'il est bon de saisir mais il y a aussi trois petites parties dans ce problème, dans lesquelles on peut recommencer la boucle Imaginer-Écrire les équations-Calculer-Vérifier.*

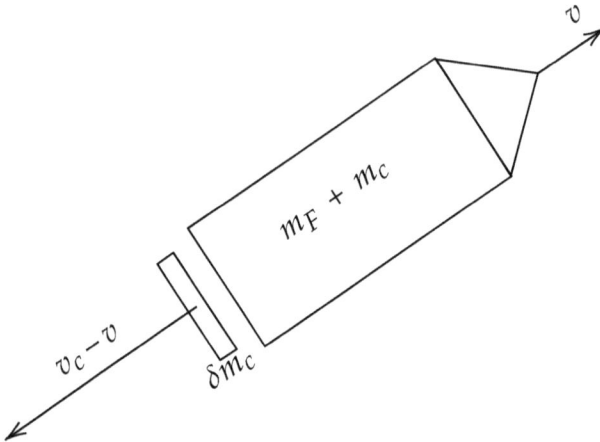

1) La conservation de la quantité de mouvement implique :

$$(m_F + m_c(t)) \, v(t) = (m_F + m_c(t + dt)) \, v(t + dt) - \delta m_c \, (v_c - v(t + dt))$$

$$(m_F + m_c(t)) \, v(t) = (m_F + m_c(t) - \delta m_c) \, v(t + dt) + \delta m_c \, (-v_c + v(t + dt))$$

$$(m_F + m_c(t)) \, v(t) = (m_F + m_c(t)) \, v(t + dt) - \delta m_c v_c$$

2)
$$(m_F + m_c(t)) \, (v(t + dt) - v(t)) = +\delta m_c v_c$$

En divisant l'égalité précédente par le temps élémentaire $dt$, on obtient :

$$(m_F + m_c(t)) \frac{dv(t)}{dt} = F_p = D_m$$

3) L'équation précédente s'écrit également :

$$dv(t) = -v_c \frac{dm_c}{m_F + m_c(t)}$$

On peut l'intégrer entre $t = 0$ et $t = T_c$ :

$$\int_0^{T_c} \mathrm{d}v(t) = -v_c \int_0^{T_c} = -v_c \frac{\mathrm{d}m_c}{m_F + m_c(t)}$$

soit :

$$v(T_c) - v(t=0) = -v_c \left[ ln(m_F + m_c(t)) \right]_0^{T_c}$$

$$v(T_c) - v(t=0) = -v_c \left( ln \left( \frac{m_F + m_c(t=T_c)}{m_F + m_c(t=0)} \right) \right)$$

et enfin, avec $v(t=0) = 0$ m/s, $v(t=T_c) = v_F$, $m_c(t=0) = m_0$ et $m_c(T_c) = 0$ kg, on obtient :

$$\boxed{v_F = v_c ln \left( 1 + \frac{m_0}{m_F} \right)}$$

**Remarque :** *Ce résultat est de toute évidence homogène. Il est aussi logique : si le carburant est éjecté rapidement la fusée ira rapidement, et vice-versa. Également logique : plus on embarque de carburant, plus la fusée ira vite. C'est un résultat intéressant car on voit que la dépendance en $m_0$ n'est que logarithmique, ce qui veut dire qu'il faut emporter beaucoup plus de carburant pour espérer aller un peu plus vite.*

4)

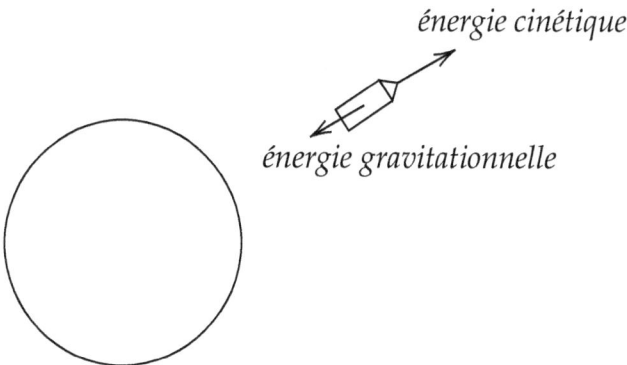

énergie cinétique

énergie gravitationnelle

$$E_m^{initiale} = \frac{1}{2} m_F v_F^2 - \mathcal{G} \frac{m_F M_p}{R_p}$$

5)

$$E_m^{finale} = \frac{1}{2}m_F v_E^2$$

La vitesse $v_E$ doit être positive, c'est-à-dire que la fusée a toujours une vitesse lorsqu'elle ne ressent plus la gravité de la planète qu'elle a quitté.

6) Par conservation de l'énergie mécanique on a $E_{initale} = E_{finale}$. Le cas $v_F = v_L$ correspond au cas limite $v_L = 0$, on a donc :

$$\frac{1}{2}m_F v_L^2 - \mathcal{G}\frac{m_F M_p}{R_p} = 0$$

soit :

$$\boxed{v_L = \sqrt{2\mathcal{G}\frac{M_p}{R_p}}}$$

Remarque : *On avait parlé de cette formule à la page 76. Elle est homogène et logique.*

7) En reprenant l'équation obtenue à la question 3 et en remplaçant $v_F$ par $v_L$ on obtient :

$$\frac{m_0}{m_F} = e^{\frac{v_L}{v_c}} - 1$$

8) En utilisant la question 6 on obtient alors :

$$\boxed{\frac{m_0}{m_F} = e^{\frac{\sqrt{2\mathcal{G}\frac{M_p}{R_p}}}{v_c}} - 1}$$

Remarque : *Cette formule exprime toute la difficulté de s'échapper d'une planète lourde et petite. C'est logique. Au-delà du fait que c'est logique, on peut remarquer que la dépendance est exponentielle ! Cela vient du fait que plus on doit emmener de carburant pour s'échapper... plus ou doit emmener de carburant pour s'échapper.*

9) En utilisant les valeurs données, on trouve :

$$\mathbf{AN} : \frac{m_0}{m_F}\text{Terre} = 12$$

10) Pour une super-Terre, on obtient :

$$\mathbf{AN} : \frac{m_0}{m_F}\text{Super-Terre} = 4,1 \cdot 10^2$$

11) Il paraît extrêmement difficile de réaliser une fusée fonctionnelle avec un ratio $\frac{m_0}{m_F}$ de quelques centaines. En effet, $m_F$ contient la masse de la structure elle-même donc, par exemple, la masse des réservoirs de carburants. Il faudrait donc faire une structure extrêmement légère et probablement extrêmement fragile. Si on admet qu'en effet, la plupart des planètes ayant une chance d'abriter la vie sont des super-Terres et que les extraterrestres n'ont pas d'autre moyen de propulsion que les moyens à propulsion chimique connus sur Terre, alors on ne peut qu'être d'accord avec Michael Hippke et conclure que même si les extraterrestres existaient, ils auraient bien du mal à s'échapper de l'attraction gravitationnelle de leur planète.

> **Remarque :** *Un bon moyen de se représenter le "drame" que cela représente et d'essayer de te souvenir de ce matin, quand tu t'es péniblement levé du lit. Un moyen plus direct est de soulever lentement ton bras, et de réaliser que l'effort à fournir (existant, bien que léger) est dû presque exclusivement à la gravité terrestre. Est-ce que tu peux t'imaginer la sensation que tu aurais sur une planète dix fois plus massive et à peine plus grosse que la Terre ? Et maintenant, imagine-toi essayer de lancer une fusée de telle sorte qu'elle s'échappe de cette énorme gravité.*

**Exercice 9** (Démonstration du théorème de Bernoulli) :

Écoulement incompressible donc on peut écrire Navier-Stokes :

$$\rho\left\{\frac{\partial \vec{v}}{\partial t} + \vec{v}\cdot\overrightarrow{\text{grad}}(\vec{v})\right\} = -\overrightarrow{\text{grad}}(P) + \rho\,\vec{g} + \eta\,\vec{\Delta}\,\vec{v} \quad (6.1)$$

Régime stationnaire : $\frac{\partial \vec{v}}{\partial t} = 0$

Fluide parfait : $\eta\,\vec{\Delta}\,\vec{v} = 0$

$$\rho\left\{\vec{v}\cdot\overrightarrow{\text{grad}}(\vec{v})\right\} = -\overrightarrow{\text{grad}}(P) + \rho\,\vec{g} \qquad (6.2)$$

$$\int_A^B \rho\left\{\vec{v}\cdot\overrightarrow{\text{grad}}(\vec{v})\right\}\cdot d\vec{l} = -\int_A^B \overrightarrow{\text{grad}}(P)\cdot d\vec{l} + \int_A^B \rho\,\vec{g}\cdot d\vec{l} \quad (6.3)$$

Fluide homogène donc on peut sortir $\rho$ de l'intégrale :

$$\rho\int_A^B \left\{\vec{v}\cdot\overrightarrow{\text{grad}}(\vec{v})\right\}\cdot d\vec{l} = -\int_A^B \overrightarrow{\text{grad}}(P)\cdot d\vec{l} + \rho\int_A^B \vec{g}\cdot d\vec{l} \quad (6.4)$$

D'après la formule d'analyse vectorielle fournie, on peut alors écrire :

$$\rho\int_A^B \left\{\frac{1}{2}\overrightarrow{\text{grad}}(v^2) - \vec{v}\times\overrightarrow{\text{rot}}(\vec{v})\right\}\cdot d\vec{l}$$
$$= -\int_A^B \overrightarrow{\text{grad}}(P)\cdot d\vec{l} + \rho\int_A^B \vec{g}\cdot d\vec{l} \qquad (6.5)$$

On se place le long d'une ligne de courant donc $d\vec{l} \mathbin{/\mkern-5mu/} \vec{v}$ ce qui implique $\vec{v}\times\overrightarrow{\text{rot}}(\vec{v})\cdot d\vec{l} = 0$

d'où :

$$\rho \int_A^B \frac{1}{2}\overrightarrow{\text{grad}}(v^2) \cdot \vec{dl} = - \int_A^B \overrightarrow{\text{grad}}(P) \cdot \vec{dl} + \rho \int_A^B \vec{g} \cdot \vec{dl} \quad (6.6)$$

et on retrouve le théorème de Bernoulli :

$$\boxed{\frac{1}{2}\rho v_A^2 + \rho g z_A + P_A = \frac{1}{2}\rho v_B^2 + \rho g z_B + P_B} \qquad (6.7)$$

**Exercice 11** (Le Spacetrain$^{\text{TM}}$) :

> **Remarque :** *La difficulté principale ici est de bien choisir les points A et B. Comme presque toujours lorsqu'on utilise le théorème de Bernoulli, ou en physique en général quand on utilise une loi de conservation, on essaie de choisir un point où on connaît tout et un point où on est moins sûr. Dans le cas présent choisir le point A juste à la fin de l'évasement du carter permet, comme on va le voir, de se débarrasser de la vitesse de l'air en ce point.*

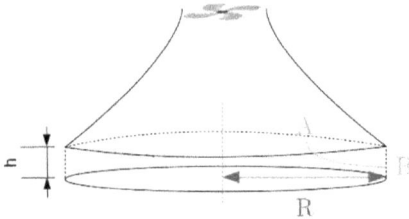

1) En supposant l'air incompressible, homogène, parfait et en écoulement stationnaire, on peut écrire le théorème de Bernoulli entre les points A et B :

$$\frac{1}{2}\rho v_A^2 + P_A = \frac{1}{2}\rho v_B^2 + P_B$$

où on a négligé le terme $\rho g(z_A - z_B) = 1,2 \times 9,81 \times 5 \cdot 10^{-3} \sim 5 \cdot 10^{-2} \ll P_0$.

En reprenant les notations de l'énoncé, on peut réécrire cette égalité sous la forme :

$$\frac{1}{2}\rho v_c^2 + P = \frac{1}{2}\rho v_s^2 + P_0$$

2) L'air étant considéré incompressible, le débit volumique se conserve et $Q = C^{te}$. On peut écrire $Q = v_c \pi R^2 = v_s 2\pi R h$. On a alors :

$$v_c = v_s \frac{2h}{R} \ll v_s$$

On peut donc écrire :

$$P = P_0 + \frac{1}{2}\rho v_s^2$$ (6.8)

> **Remarque :** *Ici on a essayé d'écrire quelque chose du style : "ce que je cherche = ce que je connais". Malheureusement, on ne connaît pas encore $v_s$. C'est pour ça que l'exercice continue.*

3) En utilisant $Q = v_s 2\pi R h$, on a :

$$P = P_0 + \frac{1}{2}\rho \left( \frac{Q}{2\pi R h} \right)^2$$

> **Remarque :** *La question suivante est le type de question dont je parlais à la page 104 : si on a déjà, au moins vaguement, visualisé le problème et internalisé ce qu'on cherche à faire, c'est très simple. Sans ça, on se demande bien de quoi le sujet parle.*

4) À $Q$ constant, on peut remarquer dans l'équation précédente que si $h$ augmente pour une raison ou une autre (passager qui descend du train?), alors la pression $P$ sous les carters va diminuer. C'est-à-dire que le Spacetrain va de lui-même avoir tendance à diminuer $h$. Inversement, si $h$ diminue, alors $P$ va augmenter, ce qui va avoir tendance à faire augmenter $h$. Le système est donc stable en hauteur.

> **Remarque :** *Ici aussi, il faut visualiser le problème : que fait un rotor ? (Pourquoi on le paie ?) Il transforme de la puissance électrique en puissance mécanique. A l'entrée du rotor, l'air est à la pression $P_0$ et à la vitesse $v_0 \sim 0$, tandis qu'à la sortie il a une vitesse et une pression différentes. Tout juste à la sortie du rotor on manque d'informations, aussi on va aller voir plus loin, à la sortie du carter où la pression est à nouveau $P_0$ afin de conclure. En passant par le système {rotor + carter} le fluide a gagné une énergie cinétique volumique $\frac{1}{2}\rho v_s^2$ et sa pression n'a pas changé.*

5) Notons $P_m$ la puissance mécanique en sortie du système {rotor + carter }. $P_m$ = (Débit volumique) $\times$ (Énergie cinétique volumique). Soit $P_m = Q\rho\frac{1}{2}v_s^2$. Puisque $v_s = \frac{Q}{2\pi Rh}$, on a alors :

$$P_m = \frac{\rho v_s^3 2\pi Rh}{2} = \rho v_s^3 \pi R$$

Il y a 8 rotors, donc on doit en fait écrire $Pm = 8 \times \rho v_s^3 2\pi Rh$

Selon la définition du rendement, on a $P_m = \eta P_E$, donc :

$$\boxed{P_E = \frac{8 \times \rho v_s^3 2\pi Rh}{\eta}} \tag{6.9}$$

Le facteur $x$ vaut donc 8.

> **Remarque :** *On peut prendre quelques dizaines de secondes pour admirer cette équation : la sustentation requiert d'autant plus d'énergie que la vitesse requise pour le fluide est élevée, que l'on veut être éloigné du sol ou encore que la conversion électrique / mécanique est mauvaise. Le rôle du rayon est un peu plus subtil et pas forcément intuitif, on en reparlera plus tard.*

6) Système : {Spacetrain + passagers et bagages} On se place dans le référentiel du rail, Galiléen.
Bilan des forces projetées sur la verticale :
Poids = $-(M_p + M_0)g$
Résultante des forces de pression = $(P - P_0) \times 8\pi R^2$

D'après la seconde loi de Newton l'équilibre se traduit donc par :

$$\boxed{(M_p + M_0)g = (P - P_0) \times 8\pi R^2} \tag{6.10}$$

> **Remarque :** *Maintenant c'est un puzzle et, comme d'habitude, il faut prendre les choses calmement et par étapes.*

7) Comme on peut le voir dans l'équation (6.9), pour calculer $P_E$ il nous faut $v_s$.

L'équation (6.8) permet d'écrire :

$$v_s = \left[ \frac{2}{\rho} (P - P_0) \right]^{1/2}$$

L'équation (6.10) donne $P - P_0$ et donc permet d'écrire $v_s$ comme :

$$v_s = \left[ \frac{2}{\rho} \frac{(M_0 + M_p) g}{8\pi R^2} \right]^{1/2}$$

Enfin, avec (6.9), on obtient :

$$P_E = \frac{8 \times \rho \left[ \frac{2}{\rho} \frac{(M_0 + M_p)g}{8\pi R^2} \right]^{3/2} 2\pi R h}{\eta}$$

Soit :

$$P_E = \frac{8\pi\rho R h}{\eta} \left[ \frac{(M_0 + M_p) g}{4} \right]^{3/2} \frac{1}{\rho^{3/2} \pi^{3/2} R^3}$$

On peut remarquer que $4^{3/2} = 2^3 = 8$, et finalement écrire :

$$P_E = \frac{h}{\eta \sqrt{\rho \pi} R^2} \left[ (M_0 + M_p)g \right]^{3/2}$$

**Remarque :** *Face à une équation qui a demandé autant de travail, on a une obligation morale de vérifier que tout va bien. Allez, on commence par l'homogénéité, qui n'a pas l'air évidente à vue de nez mais c'est faisable : il n'y aucune constante bizarre.*

$$\left[ \frac{h}{\eta \sqrt{\rho \pi R^2}} \left[ (M_0 + M_p)g \right]^{3/2} \right]$$
$$= \frac{L}{M^{1/2} L^{-3/2} L^2} M^{3/2} L^{3/2} T^{-2 \times 3/2} = ML^2 T^{-3}$$

*Et ça, c'est une puissance ! (parce que $ML^2 T^{-2} = \left[ \frac{1}{2} m v^2 \right]$ est une énergie, tu connais la chanson...)*

*Est-ce que c'est logique ?*

*Bon, je crois que ces mots font partis des derniers mots imprimés dans ce livre, alors je vais te laisser te débrouiller, je pense que tu en es capable maintenant !*

**AN :** $\underline{P_E = 0,3 \text{ MW}}$

**Remarque :** *Ça colle à l'annonce. Ce qui fait plaisir.*

# 7. Épilogue

## Ton rôle dans ma résolution de problème

La structure de ce livre suit à peu près les quatre étapes. Le problème que je me suis posé est "Comment aider un étudiant, quel que soit son niveau, à profiter plus de ses études de physique?"

Le premier chapitre d'introduction sert à **"imaginer"** le problème, à bien le poser.

Le second chapitre à propos des quatre étapes, a été ma manière d'**"écrire les équations"**, de définir ce qui était important dans ce problème.

Le troisième chapitre était... la pause toilette pendant un examen? Tu sais, celle où en profite pour s'étirer, et prendre un peu de recul sur ce qu'on fait?

Le quatrième chapitre "apprendre la physique", était en quelque sorte le déroulement des **"calculs"**.

La dernière étape – **"vérifier les résultats"** est, pour ce problème, entre tes mains, puisque c'est à toi de me dire si oui ou non, ce livre t'a aidé à profiter un peu plus de tes études de physique. Tes messages d'amour ou de haine, ainsi que tes suggestions, seront donc les bienvenus sur Amazon, Goodreads, `clementmoissard.com`, ou autre.

## Remerciements

Avant tout, je me dois de remercier tous les étudiants que j'ai eu depuis que j'ai commencé à enseigner en 2012. Que ce soit au Lycée Michelet, en cours particuliers ou à Jussieu, ce sont vos questions, vos difficultés, vos réussites et votre enthousiasme qui m'ont appris le métier.

Merci à toutes les personnes qui se reconnaîtront dans ce livre, par ordre d'apparition : Philippe, Luke, Lan, Hantao, Olivier, Jean-Marcel, Laetitia, Françoise, Fanny, Jean-Luc, Katia et Émile. Ce fut un honneur de partager ces moments à vos côtés.

Les relectures attentives de Yoann, Vincent, Clément (deux fois !) et Laurence ont été absolument inestimables. Je ne sais pas si je vous mérite, mais en tout cas, je suis heureux que vous soyez là.

Quentin m'a fourni la plupart des photos d'en-tête des chapitres et beaucoup aidé pour la mise en page. Merci le tonton docteur.

Mes éditeurs, Serge et Léo m'ont sauvé d'un texte insipide et bourré de fautes. Travailler avec vous a été un énorme plaisir.

Matthieu, tes illustrations et ta couverture m'enchantent, c'est exactement ce que je visualisais, mais c'est aussi beaucoup mieux.

Damien, Camille, Charles, Paul, Loik, Chloé, Yann, Quentin, Antoine, merci d'avoir été là au long de cette aventure. Vos conseils sont dans ces pages, et heureusement.

La publication de ce livre n'aurait pas été possible sans le soutien de nombreux donateurs sur Ulule. Manuel, Papa, Maman, Hélène, Lucien, Marie-Pierre, Didier, Pierre, Thomas, Ambra, Minaé, Marc, Pierrette, Francis, Valérie, Sarah, Thibault, et bien d'autres. Merci à vous !

Et enfin, Emily, sans qui les références que vous trouvez çà et là dans ce livre auraient probablement été en français. I could not have done any of it without your support. From the moment I had the idea of this book to its publication a year later, you have been amazing. Thank you honey.